W0268416

Forschungsberichte 

Band 94

Berichte aus dem
Institut für Werkzeugmaschinen
und Betriebswissenschaften
der Technischen Universität
München

Herausgeber:
Prof. Dr.-Ing. G. Reinhart
Prof. Dr.-Ing. J. Milberg

Springer-Verlag Berlin Heidelberg GmbH 

Wilhelm Trunzer

Strategien zur On-Line Bahnplanung bei Robotern mit 3D-Konturfolgesensoren

Mit 101 Abbildungen

Springer-Verlag
Berlin Heidelberg GmbH 1996

Dr.-Ing. Wilhelm Trunzer
Institut für Werkzeugmaschinen und Betriebswissenschaften (iwb), München

Univ.-Prof. Dr.-Ing. G. Reinhart
o. Professor an der Technischen Universität München
Institut für Werkzeugmaschinen und Betriebswissenschaften (iwb), München

Univ.-Prof. Dr.-Ing. J. Milberg
o. Professor an der Technischen Universität München
Institut für Werkzeugmaschinen und Betrtiebswissenschaften (iwb), München

D91

ISBN 978-3-540-60961-2   ISBN 978-3-662-10086-8 (eBook)
DOI 10.1007/978-3-662-10086-8

Gesamtherstellung: Hieronymus Buchreproduktions GmbH, München..
SPIN: 10533592   62/3020-543210

Geleitwort der Herausgeber

Die Produktionstechnik ist für die Weiterentwicklung unserer Industriegesellschaft von zentraler Bedeutung. Denn die Leistungsfähigkeit eines Industriebetriebes hängt entscheidend von den eingesetzten Produktionsmitteln, den angewandten Produktionsverfahren und der eingeführten Produktionsorganisation ab. Erst das optimale Zusammenspiel von Mensch, Organisation und Technik erlaubt es, alle Potentiale für den Unternehmenserfolg auszuschöpfen.

Um in dem Spannungsfeld Komplexität, Kosten, Zeit und Qualität bestehen zu können, müssen Produktionsstrukturen ständig neu überdacht und weiterentwickelt werden. Dabei ist es notwendig, die Komplexität von Produkten, Produktionsabläufen und -systemen einerseits zu verringern und andererseits besser zu beherrschen.

Ziel der Forschungsarbeiten des *iwb* ist die ständige Verbesserung von Produktentwicklungs- und Planungssystemen, von Herstellverfahren und Produktionsanlagen. Betriebsorganisation, Produktions- und Arbeitsstrukturen und Systeme zur Auftragsabwicklung im Unternehmen werden unter besonderer Berücksichtigung mitarbeiterorientierter Anforderungen entwickelt. Die dabei notwendige Steigerung des Automatisierungsgrades darf jedoch nicht zu einer Verfestigung arbeitsteiliger Strukturen führen. Fragen der optimalen Einbindung des Menschen in den Produktentstehungsprozeß spielen deshalb eine sehr wichtige Rolle.

Die im Rahmen dieser Buchreihe erscheinenden Bände stammen thematisch aus den Forschungsbereichen des *iwb*. Diese reichen von der Produktentwicklung über die Planung von Produktionssystemen hin zu den Bereichen Fertigung und Montage. Steuerung und Betrieb von Produktionssystemen, Qualitätssicherung, Verfügbarkeit und Autonomie sind Querschnittsthemen hierfür. In den *iwb*-Forschungsberichten werden neue Ergebnisse und Erkenntnisse aus der praxisnahen Forschung des *iwb* veröffentlicht. Diese Buchreihe soll dazu beitragen, den Wissenstransfer zwischen dem Hochschulbereich und dem Anwender in der Praxis zu verbessern.

Joachim Milberg   *Gunther Reinhart*

Vorwort

Die vorliegende Dissertation entstand während meiner Tätigkeit als wissenschaftlicher Mitarbeiter am Institut für Werkzeugmaschinen und Betriebswissenschaften *(iwb)* der Technischen Universität München.

Den Herren Professoren Dr.-Ing. Joachim Milberg und Dr.-Ing. Gunther Reinhart, den Leitern dieses Instituts, gilt mein besonderer Dank für die langjährige gute und vertrauensvolle Zusammenarbeit sowie für die wertvollen Hinweise und Anregungen.

Herrn Prof. Dr.-Ing. Klaus Feldmann, dem Leiter des Lehrstuhls für Fertigungsautomatisierung und Produktionssystematik der Universität Erlangen-Nürnberg, danke ich sehr herzlich für die Übernahme des Korreferates und das meiner Arbeit entgegen gebrachte Interesse.

Schließlich möchte ich mich bei allen Mitarbeiterinnen und Mitarbeitern des Instituts, insbesondere den Kollegen der "Lasercrew", sowie allen Studenten und Freunden, die mich bei der Erstellung dieser Arbeit unterstützt haben, recht herzlich bedanken.

München, im Dezember 1995   *Wilhelm Trunzer*

Meinen Eltern

Inhaltsverzeichnis

Verzeichnis verwendeter Formelzeichen:

A	Amplitude
a	Beschleunigung
$\overline{AP}(s)$	Arbeitspunkt
A, T	Matrizen
c	Schallgeschwindigkeit
f	Brennweite
f	äußere Kräfte
f_{SA}	Sensorabtastfrequenz
I	Trägheitstensor
K	Kompensationspunkt
K_v	Geschwindigkeitsverstärkung
l	äußere Momente
m	Masse
$_b\overline{p}$	Vektor $\overline{p}$ im b-Koordinatensystem
$^n{}_b\overline{p}$	n-ter Vektor $\overline{p}$ im b-Koordinatensystem
q	Quaternion
R	Gaskonstante
$r, \varphi\, z$	Zylinderkoordinaten
s	Sekantenfehler
S_{max}	Maximale halbe Sensorabtastbreite
T	Temperatur
T, L, D	Koordinaten der Werkzeugkorrektur
T_{SA}	Sensorabtastzeit
T_{ers}	Ersatzzeit
T_{RC}	Verarbeitungszeit der Robotersteuerung
T_{sb}	Transformation vom b- ins s- Koordinatensystem
T_{ST}	Sensorverarbeitungszeit
T_W	Dauer einer Orientierungsänderung
T_{ZT}	Verarbeitungszeit einer Zusatzachsensteuerung
U	Unschärfebereich beim Überfahren einer Ecke
V	Vorlauf

v_b	Bearbeitungsgeschwindigkeit
V_{ideal}	Idealvorlauf
V_{min}	Minimalvorlauf
x_{CCD}, y_{CCD}	Pixelkoordinaten einer CCD-Kamera
α	Grenzkonturknickwinkel
α_{Tr}	Triangulationswinkel
ξ	Faktor für Bahnschleppabstand
κ	Isenstropenexponent
$\dot{\kappa}$	Krümmungsgradient
$\dot{\omega}$	Winkelbeschleunigung
$\dot{\omega}_{max}$	Maximale Winkelbeschleunigung einer Achse

Verzeichnis verwendeter Abkürzungen:

CAD	Computer Aided Design
CCD	Charged Coupled Device
EMV	Elektro-Magnetische Verträglichkeit
FIFO	First-In-First-Out Speicher
FIPO	Feininterpolationstakt
IPO	Interpolationstakt
HeNe	Helium-Neon (-Laser)
MAG	Metall Aktiv Gas
MIG	Metall Inert Gas
WIG	Wolfram Inert Gas
3D	dreidimensional
6D	sechsdimensional

1 Einleitung

Die Automatisierung in der Produktion nahm ihren Anfang bei den Fertigungsma-
schinen, da man hier das größte Potential sah. Daher konzentrierten sich die Arbeiten
in Forschungseinrichtungen und Unternehmen auf die mechanische Automatisierung
bei der Werkstückbearbeitung. Die Bereiche der Handhabung, Prüfung und Montage
blieben zunächst weitgehend unberücksichtigt und daher dem Menschen überlassen.
Man erkannte jedoch schnell, daß für ein tragfähiges Automatisierungskonzept auch
diese Aufgaben integriert werden mußten. Insbesondere die Handhabung von Werkstücken ist vielfach charakterisiert durch einfache, monotone, in gleicher Abfolge
wiederkehrende Bewegungen. Daher wurde in den fünfziger und sechziger Jahren
dieses Jahrhunderts begonnen, Automaten zu entwickeln, die Funktionen menschli-
cher Arme nachbilden konnten. 1961 kam es schließlich zur Einführung des ersten
Industrieroboters von Unimation an einer Druckgießmaschine *(Kreuzer 1994, S.
2-3)*.

Diese Roboter der ersten Generation besaßen einen einfachen Aufbau und ihr Lei-
stungsumfang war beschränkt. Sie verfügten über zwei oder drei Bewegungsachsen,
die unter Verwendung von Endschaltern mit konventionellen Ablaufsteuerungen
betrieben werden konnten und überwiegend für "Pick and Place"-Aufgaben eingesetzt wurden. Ihr Einsatzgebiet war sehr klein, da sie wenig flexibel und teuer
waren.

Inzwischen hat sich dieses Bild gewandelt. Heute gilt der Roboter als wesentliches
Element bei der Planung und Realisierung von Automatisierungssystemen. Der
Einsatz dieser Geräte läßt sich im Regelfall auf die Grundmotive Wirtschaftlichkeit,
Humanisierung, Unfallgefahr, Unzugänglichkeit oder auf technologische Erforder-
nisse zurückführen.

Seit der Einführung der Industrieroboter konnten erhebliche Fortschritte in den
Bereichen der Steuerung, der mechanischen Strukturen und der Antriebstechnik
erzielt werden. Die Verbesserung der Mechanik und der Antriebe führte zu einer
Erhöhung der Dynamik und der Handhabungslasten. Daneben steigerte die Weiterentwicklung der Steuerungstechnik insbesondere die Flexibilität der Geräte. Erreicht
wurde dies durch die rasanten Fortschritte in der Halbleitertechnologie und besonders
durch die Bereitstellung kostengünstiger Mikroprozessoren mit hoher Rechenleistung.

Kapitel 1

Betrachtet man die bisherige Entwicklung der Robotertechnik, so fällt auf, daß trotz großer Fortschritte Roboter in aller Regel nach wie vor für einfache Aufgaben mit Wiederholcharakter eingesetzt werden, die prinzipimmanente Flexibilität dieser frei programmierbaren Manipulatoren jedoch üblicherweise nur durch eine anwendungsspezifische Um- bzw. Neuprogrammierung genutzt werden kann.

Obwohl Roboter in vielen Eigenschaften wie Genauigkeit, Ausdauer und Kraft dem Menschen deutlich überlegen sind, verfügen sie im Gegensatz zum Menschen nur über sehr begrenzte Möglichkeiten, auf Änderungen in ihrer Umgebung zu reagieren. In der Erweiterung heutiger Roboterfunktionalitäten in dieser Richtung liegt ein erhebliches Potential, um zukunftsträchtige Anwendungsgebiete zu erschließen *(Müller & Schweizer 1987, S.51-56)*. Die sensorischen Fähigkeiten des Menschen in der Steuerung des Roboters wenn auch nur in Ansätzen nachzuempfinden, ist ein wesentliches Ziel aktueller und künftiger Forschungsvorhaben.

Sensoren, die beispielsweise den Tastsinn abbilden (typischerweise Kraft-Momenten-Sensoren), erlauben prinzipiell die Lösung komplizierter Handhabungsvorgänge wie die Bolzen-Loch-Problematik auch dann, wenn Positionsabweichungen der Fügepartner auftreten *(Schweigert 1992)*. Neben dem Tastsinn nimmt insbesondere das visuelle Wahrnehmungsvermögen des Menschen eine zentrale Stellung bei der Lösung einer Vielzahl von Problemen ein. Um diese Fähigkeit den Robotern zu erschließen, wurden und werden eine Vielzahl optisch arbeitender Sensoren, angefangen von einfachen Geräten mit binären Ausgängen zur Anwesenheitskontrolle bis hin zu Kamera-basierten Systemen mit aufwendiger Bildverarbeitung entwickelt. um das menschliche Sehvermögen abzubilden. Dennoch gelang es trotz intensiver Forschungsarbeiten bislang nur in wenigen Anwendungen, Roboter mit geeigneten Sensoren auszustatten, die ihnen ein flexibles Reagieren auf sich verändernde Randbedingungen erlauben.

Da mit den derzeit bereitgestellten Mitteln kein geschlossener Ansatz für das "künstliche Sehen" möglich ist, werden die verfügbaren Technologien für Teilprobleme adaptiert, die trotz der Einschränkung bezüglich ihrer Universalität ein hohes Potential in sich bergen, neue Anwendungen zu erschließen.

Ein wichtiger Bereich, der zunehmend den Einsatz geeigneter Sensoren erfordert. ist die Berücksichtigung von Bauteiltoleranzen bei der automatisierten Bearbeitung. Hierbei sind zwei Kategorien bezogen auf die Bauteileigenschaften zu unterscheiden.

In der ersten Kategorie sind all die Fälle zusammengefaßt, bei denen es genügt. die Raumlage des Bauteils in einem oder mehreren Freiheitsgraden zu vermessen und das bestehende Bearbeitungsprogramm mit einer Korrektur zu beaufschlagen. Der anderen Kategorie sind die Bauteile zugeordnet, die neben Positionierungsungenauigkeiten auch größere Form- und Lagetoleranzen im Bauteil selbst aufweisen. Dieser Fall tritt insbesondere bei Prozessen ein, die eine exakte Bahnbearbeitung erfordern, wie beispielsweise das Bahnschweißen, der Dichtungsraupen- bzw. Klebstoffauftrag oder das robotergestützte Entgraten. Eine Erweiterung der zweiten Kategorie stellen Bauteile dar, die sogar während der Bearbeitung ihre Form und Lage ändern, wie dies bei thermischen Fertigungsverfahren der Fall sein kann; Bahnschweißungen sind ein Beispiel hierfür.

Die hier vorliegende Arbeit befaßt sich mit der Problemstellung der schnellen sensorischen Konturerfassung in Echtzeit und der Erzeugung der Bahnbewegungsinformationen für den Roboter. Der Schwerpunkt wird dabei auf Anwendungen gelegt, die für ihre Bearbeitung eine hohe Genauigkeit bei großer Bahngeschwindigkeit erfordern. Es werden neuartige Bewegungskonzepte und Programmierverfahren vorgestellt und an realen Anwendungsbeispielen getestet. Hauptanwendungsfall soll dabei das Bahnschweißen mit Hochleistungslasern sein, da diese Bearbeitung die derzeit höchsten Anforderungen hinsichtlich Geschwindigkeit und Bahngenauigkeit sowohl an die Roboter- als auch an die Sensortechnik stellt.

2 Stand der Technik bei der sensorgestützten Roboterbahnbearbeitung

Die dominierenden Einsatzgebiete der Robotertechnik, zumindest in der Bundesrepublik Deutschland, bilden Punktschweißaufgaben, einfache Montageaufgaben sowie die Werkstückhandhabung *(Schweizer 1995)*. Diese Anwendungen erfordern üblicherweise eine hohe Positioniergenauigkeit. An die zwischen den einzelnen Positionspunkten zurückgelegten Effektorbahnen werden hingegen nur geringe Ansprüche hinsichtlich der Bahntreue gestellt. Sie müssen kollisionsfrei sein und zeitoptimal programmiert werden, da sie in der Regel taktzeitbestimmend sind.

Neben den vergleichsweise einfachen Positionieraufgaben werden zunehmend auch diejenigen Anwendungsfelder für Roboter erschlossen, die eine exakte Effektorbewegung entlang vorgegebener Bahnen erfordern. Beispiele sind das Bahnschweißen oder das Auftragen von Dichtungsmitteln *(Schuller 1994)*.

Roboter können dank ihrer hohen Wiederholgenauigkeit einmal programmierte Bahnen mit guter Reproduzierbarkeit abfahren, doch erfordert es noch immer einen hohen Aufwand, wenn bestehende Programme aus Genauigkeitsgründen an die reale Geometrie des aktuell zu bearbeitenden Werkstücks angepaßt werden müssen. Dies ist beispielsweise der Fall, wenn Toleranzen des Werkstückes in Lage und Form größer sind, als die Toleranzanforderung des Fertigungsverfahrens es erlaubt. Grundsätzlich besteht die Möglichkeit, durch Nachprogrammierung die Bahn bauteilindividuell zu adaptieren, jedoch ist dieses Verfahren extrem zeitaufwendig und aus wirtschaftlichen Gründen nur bei Spezialanwendungen und sehr kleinen Losgrößen sinnvoll. Bei derartigen Randbedingungen wird, wenn es der Prozeß erlaubt, häufig auf die manuelle Bearbeitung zurückgegriffen.

Gerade in der robotergeführten Bahnbearbeitung werden bei vielen Anwendungen die Grenzen der reinen Handhabungstechnik erreicht. Die Automatisierung einfacher Anwendungsfälle ist sehr weit fortgeschritten, so daß zukünftige Applikationen sich mit zunehmend schwierigeren Aufgabenstellungen befassen müssen. Eine Weiterentwicklung oder die Erweiterung des Anwendungsspektrums kann dann nur durch den vermehrten Einsatz geeigneter Sensoren an Robotern erfolgen *(Drunk & Hild 1990, S. 87)*.

Für Roboteranwendungen sind heute zahlreiche Sensoren verfügbar. Sie wurden und werden entwickelt, um den Robotern Flexibilität und Anpassungsvermögen zu verleihen *(Dillmann & Huck 1991)*. Die sensorischen Fähigkeiten des Menschen oder von Tieren sind dabei vielfach Vorbild für die Entwicklung und Leistungsmaßstab für die Bewertung von technischen Sensoren. Dabei spielen für technische Realisierungen das Sehen, das Fühlen und das Hören eine herausragende Rolle. Andere Sinnesleistungen wie das Riechen und Schmecken sind in der Fertigungstechnik derzeit von geringer Bedeutung.

In der Robotik wird zwischen zwei Gruppen von Sensoren unterschieden. Einerseits verfügen Roboter standardmäßig über interne Sensoren, die beispielsweise die Lageinformationen der Gelenke liefern, andererseits ermöglichen es externe Sensoren dem Roboter, Informationen aus der Außenwelt zu erfassen und zu verarbeiten. Im folgenden sind mit dem Begriff "Sensor" nur diese externen Geräte gemeint. Sie bilden den Gegenstand dieser Arbeit und werden im Anschluß genauer betrachtet.

Allen Sensoren gemeinsam ist die Umwandlung bzw. Verstärkung physikalischer Größen in andere, meßtechnisch erfaßbare Größen, üblicherweise elektrische Größen, sowie deren Aufbereitung (Abb. 2.1). Sensoren können an einem Punkt konzentriert oder auch auf mehrere Stellen verteilt Informationen über Eigenschaften, Zustände oder Vorgänge auf Ausgangsssignale abbilden *(Hesse 1989, S. 306-311)*.

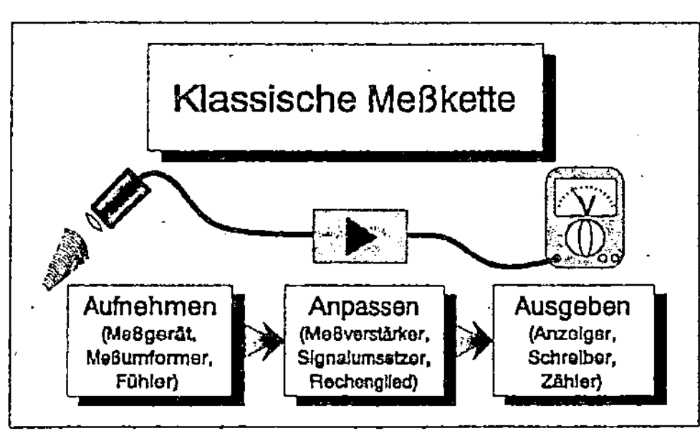

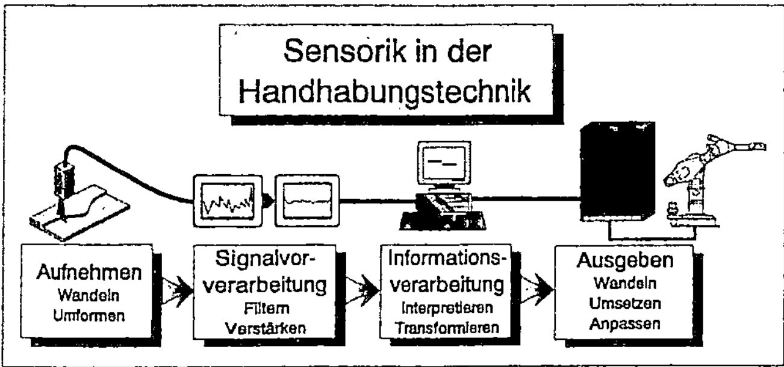

Abb. 2.1: Gegenüberstellung von klassischer Meßkette und Sensorsystem

In der Robotertechnik setzen sich Sensoren aus einem oder mehreren Meßwertaufnehmern sowie einer Verarbeitungseinheit zusammen. Ein derartiges System liefert die vom Roboter benötigten Informationen in analoger, binärer oder digitaler Form.

Neben den zahlreichen einfacheren Aufgabenstellungen stellen die Sensoren zur Bewegungsführung von Industrierobotern die höchsten Anforderungen an Hard- und Software und sind daher sehr aufwendig in ihrer Realisierung.

Bei der überwiegenden Anzahl bahngesteuerter Roboteranwendungen befindet sich die Bearbeitungsbahn entlang markanter Konturen. Dies können Stoßformen für Schweißaufgaben, Grate an Gußbauteilen, Außenkonturen der Werkstücke bis hin zu Anrißlinien sein. Die Bearbeitung selbst erfolgt entlang dieser Konturen oder parallel dazu in einem vorgeschriebenen Abstand mit einer durch das Fertigungsverfahren oder die Konstruktionsvorschrift vorgegebenen Toleranz.

Diese Gruppe von Anwendungen führte schon sehr früh zu der Idee, Sensorsysteme zu entwickeln, die in der Lage sind, vorhandene Konturen zu erfassen und dadurch Roboterbahnen zu korrigieren oder aus den Meßdaten neue Roboterbahnen zu erzeugen.

Konturfolgesysteme der ersten Generation arbeiten zweistufig. Im ersten Durchgang wird die Kontur erfaßt und ein Bewegungsprogramm generiert, im zweiten wird die eigentliche Bearbeitung durchgeführt. Die Vorgehensweise zur Erfassung der Kontur ist bei den unterschiedlichen Implementierungen verschieden *(Kreamer u. a. 1986, Moss 1986, Pavone 1983)*, doch benötigen sie alle zwei Durchläufe für die Bearbeitung, was zu einer Verdoppelung der Taktzeit führt. Daher erreichten diese Systeme keine wirtschaftliche Bedeutung. Ein weiterer wesentlicher Nachteil dieser Sensoren ist, daß Verlagerungen der Kontur während der Bearbeitung, beispielsweise durch Wärmeverzug beim Schweißen, prinzipbedingt nicht erfaßt werden können.

Bei den Sensorsystemen der ersten Generation kommen noch eine Vielzahl unterschiedlicher physikalischer Wirkprinzipien zum Einsatz. Es finden taktile, induktive, kapazitive, akustische und optische Systeme Verwendung. Sie unterscheiden sich insbesondere in ihrer Flexibilität, ihrer Detektionssicherheit und Meßgenauigkeit sowie in ihrem Preis.

Die schlechten wirtschaftlichen Eigenschaften obiger Systeme führten zur Entwicklung von Echtzeitsensorsystemen der zweiten Generation. Die Hauptprobleme, die dabei gelöst werden mußten, wurden bereits frühzeitig erkannt *(Drews & King 1975, Linden & Lindskog 1980)*. Es waren dies insbesondere die höheren Anforderungen an die Hardware, um sowohl störungsunempfindlich trotz aktiver Bearbeitungsprozesse zu werden als auch die hohen Datenverarbeitungsgeschwindigkeiten für die Echtzeitanforderungen zu erfüllen.

Sensoren der zweiten Generation sind im wesentlichen noch auf ebene Anwendungen beschränkt, besitzen aber bereits die Fähigkeit, Konturen anhand geeigneter Merkmale zu beschreiben. Ihr Hauptanwendungsgebiet liegt aufgrund ihrer technischen Daten im Schutzgasschweißen *(Nietsch & Kaierle 1994)*.

Trotz der Vielfalt an Systemen zur Bahnführung bzw. -korrektur befinden sich nur vergleichsweise wenige in der industriellen Anwendung. Hauptgründe hierfür sind die oftmals geringe Flexibilität der zumeist für Spezialanwendungen konzipierten Systeme, die unzureichende Genauigkeit und zu langsame Verarbeitungsgeschwindigkeit sowie die schwierige Integrierbarkeit und die hohen Kosten. Konventionelle Sensorsysteme konnten somit für viele Anwendungsfelder keine befriedigende Lösung liefern.

Neben den allgemeinen Anforderungen an einen Konturfolgesensor wie Störungsunempfindlichkeit oder Robustheit erlauben die maximal mögliche Meßauflösung und die Vorschubgeschwindigkeit eine Klassifizierung eines Sensorsystems. Dividiert man die maximal erreichbare Bahngeschwindigkeit durch die Bahngenauigkeit, läßt sich ein Anforderungsquotient bilden, der typisch für ein System ist und dessen Einsatzbereich kennzeichnet. Konventionelle Systeme erreichen Anforderungsquotienten, die zwischen 50 und 140 $1/s$ liegen, einem Wert, der für die meisten Schutzgasschweißverfahren genügt (Abb. 2.2).

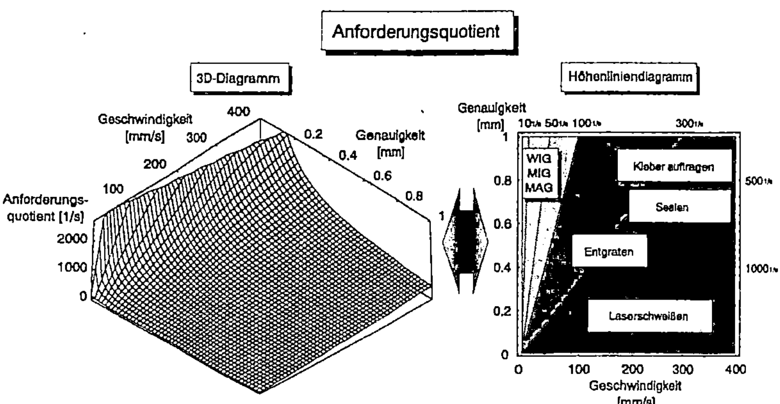

Abb. 2.2:   Der Anforderungsquotient von modernen Bahnanwendungen

Neue Anwendungsgebiete der Bahnbearbeitung mit hohem Automatisierungspotential stellen an den Sensoreinsatz hohe Anforderungen bezüglich der Meßgenauigkeit und der Bahngeschwindigkeit. Der Anforderungsquotient hierfür liegt im Bereich 500 - 1000 $^1\!/_s$, somit etwa eine Zehnerpotenz höher, als ihn konventionelle Systeme erreichen (Abb. 2.2).

Ein Anwendungsbeispiel für die Bahnbearbeitung mit einem sehr hohen Anforderungsquotienten ist das Laserschweißen. Im Bereich von Blechbauteilen stellt die Überlappverbindung die derzeit am häufigsten industriell eingesetzte Nahtform dar. Mit ihr lassen sich durch den Einsatz geeigneter Spanntechnik Bauteile mit vergleichsweise großen Toleranzen auch ohne Verwendung von Sensoren zuverlässig verschweißen. Die weite Verbreitung dieser Nahtform ergab sich jedoch nicht aufgrund technologischer Vorteile, sondern aus den vorhandenen fertigungstechnischen Möglichkeiten und den erprobten Konstruktionsprinzipien.

Der Einsatz geeigneter Konturfolgesensoren ermöglicht die Verwendung der Kehlnaht am Überlappstoß. Diese Nahtform erschließt eine Reihe von Vorteilen. Neben höheren Schweißgeschwindigkeiten bei gleicher Laserleistung aufgrund des kleineren Schmelzvolumens ergibt sich bei dieser Nahtform auch ein günstigerer Kraftfluß und eine höhere Festigkeit der Naht bei Beanspruchung in lateraler Richtung. Weitere Vorteile sind die niedrigeren Härtegradienten im Nahtquerschnitt, keine Materialüberstände, was zu einer Material- und Gewichtseinsparung führt, einfachere Schweißbarkeit beschichteter Materialien sowie das Dichtschweißen der Fügestelle, was eine nachträgliche Nahtabdichtung gegen Spaltkorrosion überflüssig macht (Abb. 2.3).

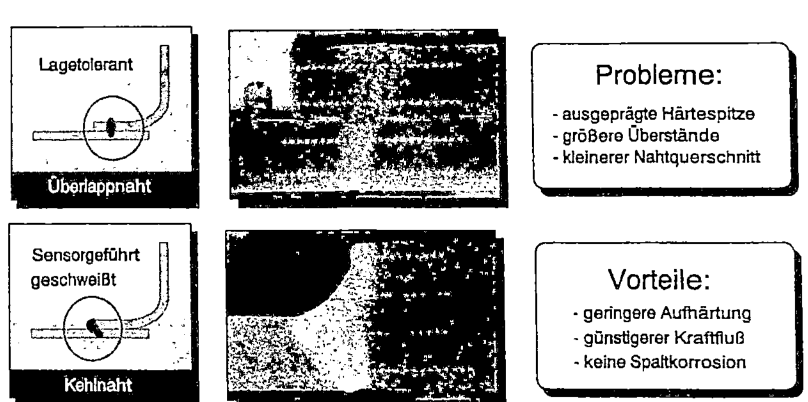

Abb. 2.3:   Vergleich von Überlapp- und Kehlnaht, mit Laser verschweißt

Diesen Vorteilen stehen jedoch Anforderungen an die Nahtführung gegenüber, die von nahezu keinem am Markt erhältlichen Sensorsystem erfüllt werden können. Zur Generierung und Verarbeitung von Korrekturwerten bzw. Steuerungsinformationen für das Laserschweißen werden die Grenzen konventioneller Systeme erreicht bzw. überschritten *(Garnich & Schwarz 1990)*. Aus wirtschaftlichen und technologischen Gründen sind Bahngeschwindigkeiten von mindestens 100 $^{mm}/_s$ erforderlich, wobei Bahngenauigkeiten von 0.1 - 0.2 mm eingehalten werden müssen.

Eine andere Nahtform, die für das Laserschweißen prädestiniert ist, ist der Stumpfstoß. Dieser erfordert jedoch einen hohen spanntechnischen Aufwand für die Fixierung der Bauteile. Insbesondere bei 3D-Anwendungen bereitet die exakte Positionierung des Laserstrahles Probleme, die nur durch den Einsatz eines geeigneten Konturfolgesensors zuverlässig gelöst werden können.

Zukünftige Anwendungen im Bereich des Laserschweißens werden mit leistungsstärkeren Lasern Schweißgeschwindigkeiten von mehr als 300 $^{mm}/_s$ bei gleichen Genauigkeitsanforderungen erlauben, so daß neu konzipierte Sensoren auch diesen Anforderungen gewachsen sein müssen, um innerhalb der sinnvoll überschaubaren Zukunft einsetzbar zu bleiben. Dem Problem der Konzeption und Integration von Sensorsystemen zur Bahnverfolgung für moderne Hochleistungsanwendungen widmet sich diese Arbeit.

3 Sensorsysteme zur Erzeugung von Bewegungsinformation

3.1 Komponenten des Gesamtsystems

Systeme zur sensorgeführten Bahnbewegung mit Robotern bestehen im wesentlichen aus fünf Komponenten, die in Abb. 3.1 dargestellt sind. Neben der Standardroboterkonfiguration mit Roboter, Robotersteuerung und Werkzeug wird zusätzlich das Sensorsystem benötigt, welches aus Sensorkopf und Sensorrechner besteht. Den einzelnen Komponenten sind unterschiedliche Aufgaben zugeordnet.

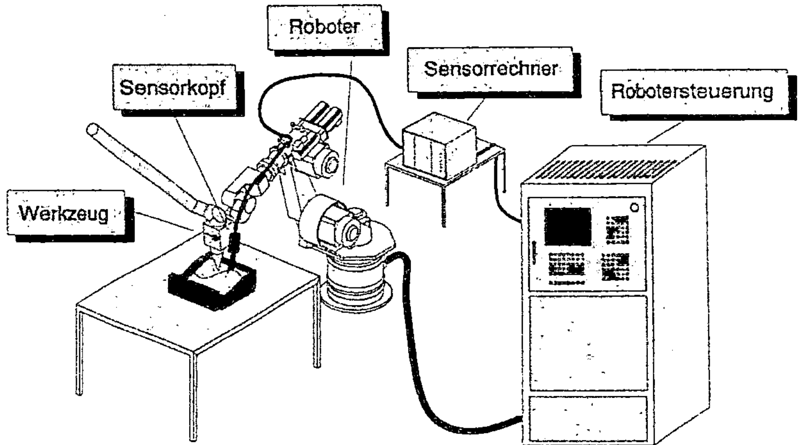

Abb. 3.1:   Aufbau eines typischen Systems zur Konturverfolgung mit Sensoren

- Sensorkopf

Er dient zur Erfassung der Eingangsgrößen, die die Informationen zur Konturlage enthalten. Gleichzeitig übernimmt er zumeist einfache Aufgaben der Datenaufbereitung bzw. Datenreduktion. Er kann, je nach verwendetem Verfahren, an verschiedenen Positionen in der Bearbeitungszelle angebracht werden (Kap. 3.2).

- Sensorrechner

Hauptaufgaben des Sensorrechners sind die Kommunikation mit dem Sensorkopf, die Verarbeitung der Meßsignale, die Kommunikation mit der Robotersteuerung sowie die Bedienung eventuell vorhandener sensorspezifischer Peripheriegeräte, wie beispielsweise schneller Zusatzachsen. Sensorrechner für die Konturverfolgung benötigen sehr leistungsfähige Mikroprozessoren, um mit möglichst hohen Abtastfrequenzen eine quasikontinuierliche Erfassung der Kontur zu erlauben.

- Robotersteuerung

Sie übernimmt parallel zur Abarbeitung des Roboterprogramms die Erfassung der Steuersignale des Sensorrechners und verarbeitet sie schließlich in der integrierten Bahnplanung zu Stellgrößen für die Antriebe.

- Roboter

Er führt die von der Robotersteuerung erhaltenen Stellgrößen in mechanische Bewegungen der einzelnen Roboterglieder um, so daß das Werkzeug oder das Werkstück exakt entlang der Bearbeitungsbahn geführt wird.

- Werkzeug

Das Werkzeug führt schließlich die eigentliche Bearbeitungsaufgabe durch.

3.2   Anordnung der Komponenten

In Abb. 3.1 ist die am häufigsten eingesetzte Konfiguration dargestellt. Hier befindet sich der Sensorkopf gemeinsam mit dem Bearbeitungswerkzeug an der Roboterhand. Je nach Meßverfahren und Bearbeitungsprozeß befindet sich der Meßort direkt an der aktuellen Bearbeitungsposition oder, wenn dies nicht möglich ist, vor dem eigentlichen Bearbeitungsort (siehe Kap. 5.4).

In anderen Konfigurationen befindet sich der Sensorkopf an einer ruhenden Stelle im Anlagenbereich. Er mißt von dieser Position aus die gewünschte Kontur und erzeugt daraus die Bewegungsbahn für den Roboter (Abb. 3.2). Dieses Verfahren hat jedoch eine Reihe prinzipbedingter Nachteile. Einerseits sind die erzielbaren Meßgenauigkeiten derzeit bestenfalls 0.5 mm *(Cannata & Grosso 1994)* und daher für die hier betrachteten Anwendungen zu ungenau, andererseits sind Abschattungsprobleme bei komplexeren Bauteilen in der Regel nicht zu vermeiden, so daß die Bahn nicht vollständig erfaßt werden kann. Da es sich hierbei um Ausschlußkriterien für die Zielsetzung dieser Arbeit handelt, soll diese Konfiguration nicht weiter untersucht werden.

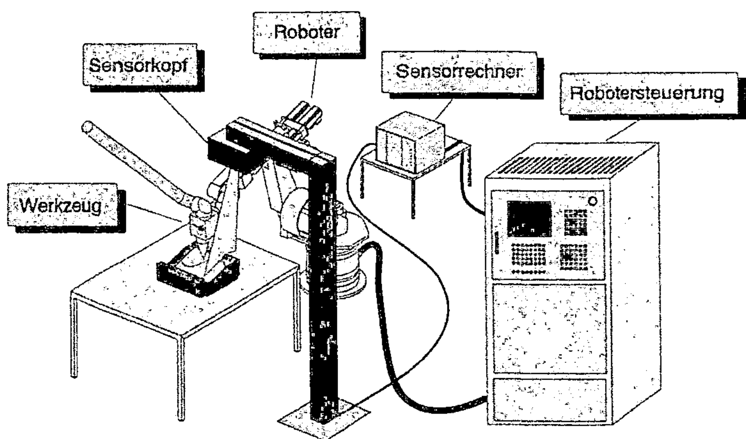

Abb. 3.2:   Ruhendes Sensorsystem und bewegtes Werkzeug

Im Gegensatz zur eben beschriebenen Anordnung, bei der der Sensorkopf fest in der Zelle montiert ist, das Bearbeitungswerkzeug sich jedoch in der Roboterhand befindet, ermöglicht die "inverse Kinematik", bei der sowohl Werkzeug als auch Sensorkopf ruhend in der Bearbeitungszelle montiert sind, einen neuen Ansatz zur sensorgeführten Bahnverfolgung (Abb. 3.3). Ein wesentlicher Vorteil dieser Anord-

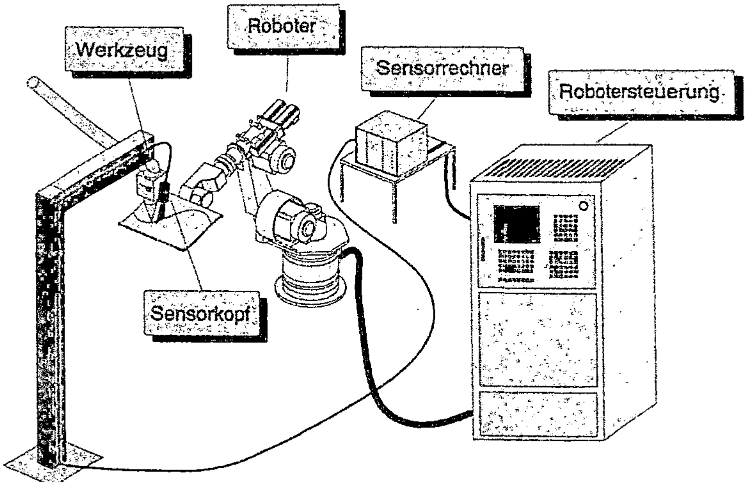

Abb. 3.3:   Anordnung mit ruhendem Sensor und Werkzeug

nung besteht darin, daß der Roboter wieder für den zelleninternen Materialfluß zur Verfügung steht, da die Werkstück- und nicht die Werkzeughandhabung vom Roboter durchgeführt wird. Eine ausführliche Beschreibung dieser Vorgehensweise findet sich in Kap. 5.5.

3.3 Anforderungen an ein System zur 3D-Konturverfolgung

Für einen erfolgreichen Einsatz müssen sowohl das Sensorsystem als auch das Robotersystem bestimmten Anforderungen genügen, die in erster Linie durch den Prozeß vorgegeben werden. Die Anforderungen an das Werkzeug für die Bearbeitung sollen nur insofern betrachtet werden, als sie für die Konturverfolgung von Bedeutung sind.

3.3.1 Anforderungen an das Sensorsystem

3.3.1.1 Anforderungen an den Sensorkopf

Die Hauptaufgabe des Sensorkopfes ist die Erfassung der Eingangsgrößen, hier die Kontur am Werkstück. Er muß dabei in der Lage sein, die räumliche Bahn in ihren translatorischen und rotatorischen Freiheitsgraden zu erfassen. Als Meßgenauigkeit ist mindestens 0.1 mm für die translatorischen Freiheitsgrade anzustreben, bei den rotatorischen Koordinaten ist 1° ausreichend.

Da sich der Sensorkopf prinzipbedingt sehr nahe am Prozeß befindet, muß er gegen störende Einflüsse aus dem Prozeßgeschehen abgeschirmt werden. Die für meßtechnische Einrichtungen schwierigste Umgebung stellt in diesem Zusammenhang das Bahnschweißen dar. Es soll daher näher untersucht werden, da sich die anderen Einsatzgebiete wie das Kleben, Dichten, Gußputzen oder Entgraten hinsichtlich störender Wechselwirkungen wesentlich unproblematischer verhalten.

Aufgrund der hohen Temperaturen (bis zu 8000 K im Bearbeitungsort beim Laserschweißen) entstehen beim Schweißen neben intensiver Strahlung sowohl gasförmige als auch flüssige und sogar feste Emissionen, die sich, ausgehend von der Schweißstelle, in alle Richtungen mit zum Teil sehr hoher Geschwindigkeit bewegen. Für den Sensorkopf kann das je nach Ausführung und Montageposition zu einer Funktionsstörung oder sogar zur Zerstörung führen. Neben den mechanischen Beeinflussungen können die hohen Ströme bei Elektroschweißverfahren die elektrischen Wandlungsvorgänge im Sensorkopf selbst oder die Datenströme in den Verbindungskabeln zum Sensorrechner erheblich beeinträchtigen. Der Sensorkopf muß daher eine hohe elektromagnetische Verträglichkeit (EMV) aufweisen. Abgesehen von Unterpulverschweißverfahren erzeugt jeder Schweißprozeß neben Wärmestrahlung, die zu einer starken Aufheizung des Sensorkopfes führen kann, auch sehr intensive Leuchterscheinungen, die insbesondere bei optisch arbeitenden Sensoren geeignete Maßnahmen zur Abschirmung erforderlich machen. Die beim Schweißprozeß entstehende optische Strahlung setzt sich aus Temperaturstrahlung, überlagert von Intensitätsspitzen, die durch das Plasma hervorgerufen werden, zusammen. Bei optischen Sensoren zur Konturverfolgung ist daher speziell darauf zu achten, daß sich der für das Meßverfahren genutzte Spektralbereich zwischen vorhandenen Intensitätsspitzen befindet. In Abb. 3.4 ist eine typische Intensitätsverteilung dargestellt, wie sie beim Laserschweißen entsteht *(Milberg u.a. 1992)*.

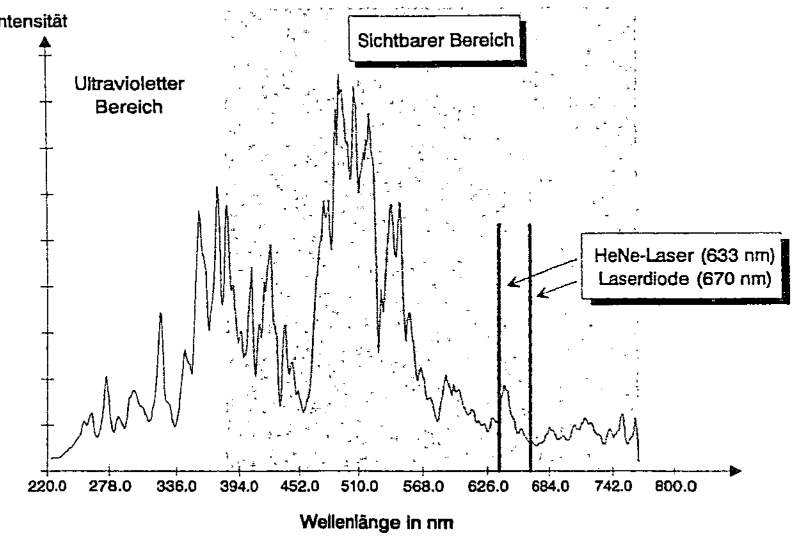

Abb. 3.4:   Typisches Intensitätsspektrum beim Laserschweißen von Stahlblechen

Desweiteren muß die Bilderfassung des Sensors so ausgelegt werden, daß eine weitgehende Material- und Oberflächenunabhängigkeit sichergestellt werden kann. Dies bildet die Voraussetzung für ein breites Einsatzspektrum.

Neben diesen prozeßbedingten Anforderungen ergeben sich, ebenfalls aufgrund der Nähe zum Bearbeitungsprozeß, mechanische Anforderungen. So muß der Sensorkopf kleine Abmessungen besitzen, um eine gute Zugänglichkeit zum Werkstück zu ermöglichen, und aus dynamischen Gründen ein möglichst geringes Gewicht aufweisen. Darüber hinaus muß der Aufbau mechanisch robust sowie einfach justierbar sein. Im Falle einer Zerstörung sollte eine Neubeschaffung mit geringen Kosten möglich sein, was neben einer kostengünstigen Konstruktion mit Standardkomponenten auch eine beliebige Austauschbarkeit der Sensorköpfe impliziert. In Abb. 3.5 sind die Anforderungen an den Sensorkopf zusammengefaßt.

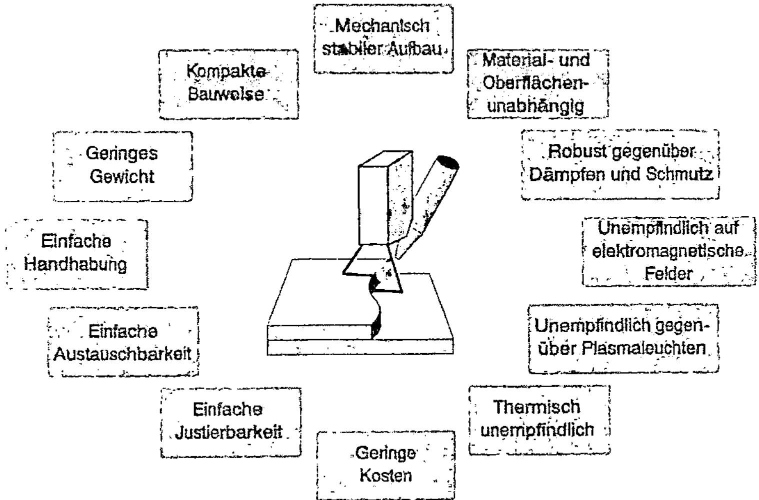

Abb. 3.5: Anforderungen an ein Sensorsystem

3.3.1.2 Anforderungen an Sensorrechner und Sensorsystem

Hauptaufgabe des Sensorrechners ist die Aufbereitung der vom Sensorkopf erfaßten Daten sowie die Bereitstellung geeigneter Informationen zur Bahnkorrektur oder Bahnverfolgung für das Robotersystem. Dies muß in Echtzeit erfolgen, damit die Konturerfassung und die Bearbeitung des Werkstücks in einem Arbeitsgang stattfinden können (Kap. 2).

Die Zielsetzung dieser Arbeit, das sensorgeführte Bearbeiten von 3D-Konturen bei hohen Bahngeschwindigkeiten und Genauigkeiten stellt insbesondere an die Abtastfrequenz und damit auch an die Verarbeitungsgeschwindigkeit des Sensorsystems hohe Anforderungen. Um diese zu quantifizieren, wird im folgenden anhand einfacher mathematischer Zusammenhänge gezeigt, wie die Abtastfrequenz die Meßgenauigkeit einer vorgegebenen Testkontur beeinflußt. Die Abtastfrequenz erlaubt einerseits eine Aussage über den Sekantenfehler, der beim Vermessen eines Kreisbo-

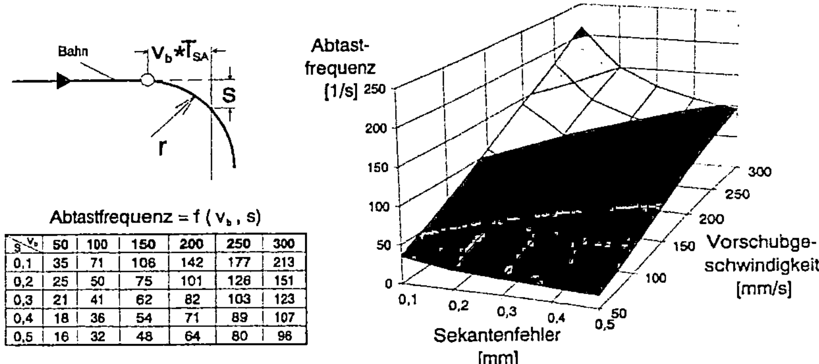

s\v_b	50	100	150	200	250	300
0,1	35	71	106	142	177	213
0,2	25	50	75	101	126	151
0,3	21	41	62	82	103	123
0,4	18	36	54	71	89	107
0,5	16	32	48	64	80	96

Abb. 3.6:   Sekantenfehler beim Abtasten eines Kreisbogens

gens mit festem Radius und konstanter Geschwindigkeit entsteht (Abb. 3.6), andererseits kann daraus die minimale Periodenlänge einer Bahnwelle bei vorgegebener Geschwindigkeit ermittelt werden. Geht man von einer Bearbeitungsgeschwindigkeit von $v_b = 300$ $^{mm}/s$ und einem minimalen Radius von $r = 10\,mm$ in der Kontur aus, beides typische Grenzwerte praxisrelevanter Bauteile für das Laserschweißen, so ergibt sich aus

$$T_{SA} = \frac{\sqrt{s\,(\,2r - s\,)}}{v_b}$$

bei einem erlaubten Sekantenfehler von $s = 0.1\,mm$ eine minimale Abtastzeit von $T_{SA} = 4.7\,ms$, was einer Abtastfrequenz von $f_{SA} = 213\,Hz$ entspricht. Betrachtet man eine Sinuswelle mit einer Amplitude $A = 10\,mm$ und einem Krümmungsradius $r = 10\,mm$ im Scheitel (Abb. 3.7), ergibt sich eine Periodenlänge von

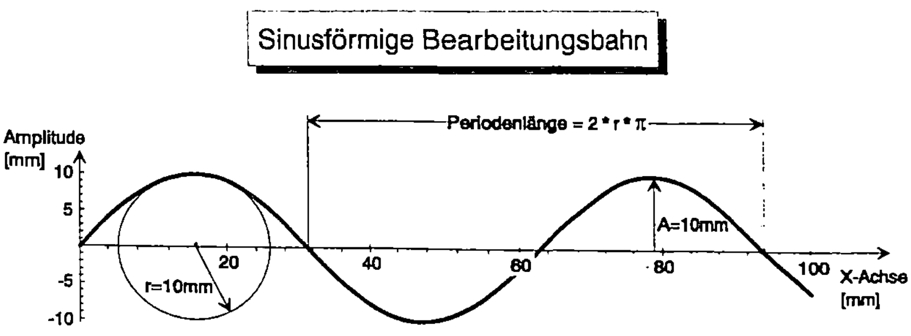

Abb. 3.7:   Sinusförmige Bearbeitungsbahn

$2\,\pi\,r = 62.8\,mm$, was bei einer Abtastfrequenz von $f_{SA} = 213\,Hz$ und einer Vorschubgeschwindigkeit von $v_b = 300\,{}^{mm}\!/\,_s$ eine Überabtastung von 22.3 unter Berücksichtigung des Shannon'schen Abtasttheorems ergibt. Experimentelle Untersuchungen haben gezeigt, daß Überabtastungen von 5 bis 20 gegenüber dem theoretischen Wert für eine sichere Erfassung notwendig sind *(Hagl 1989)*.

Diese Betrachtungen zeigen, daß das Sensorsystem mit einer minimalen Abtastfrequenz von 200 Hz arbeiten muß, um den hier abgeleiteten Anforderungen zu genügen.

Neben den Anforderungen an die Abtastfrequenz und die Verarbeitungsgeschwindigkeit muß das Sensorsystem auch hinsichtlich seiner Flexibilität verschiedene Kriterien erfüllen. So muß es möglich sein, unterschiedliche Konturformen im Sensorrechner zu definieren, um beispielsweise unterschiedliche Nahttypen erkennen zu können.

Weitere Aufgaben des Sensorrechners sind die Kommunikation einerseits mit dem Sensorkopf, anderseits mit der Robotersteuerung. Hierfür müssen geeignete Schnittstellen vorhanden sein, die sowohl eine angepaßte Datenübertragungsrate erlauben als auch eine hohe Störsicherheit aufweisen. Die Auswahl der geeigneten Schnittstelle wird derzeit in erster Linie durch die Möglichkeiten der Robotersteuerung bestimmt. Eine Standardisierung im Bereich schneller, echtzeitfähiger Schnittstellen hat bislang noch nicht stattgefunden (Kap. 4.3.2.2).

3.3.2 · Anforderungen an das Robotersystem

Neben dem Sensorsystem zur Konturverfolgung stellt das Robotersystem, bestehend aus Roboter und Robotersteuerung, die zweite wesentliche Komponente des Gesamtsystems dar.

Unter dem Begriff "Roboter" oder "Handhabungseinrichtung" soll hier jede mögliche kinematische Anordnung aus rotatorischen und translatorischen Achsen verstanden werden. Dabei soll die Bewegung der einzelnen Achsen sowohl unabhängig als auch synchronisiert durch die Kontrolle der frei programmierbaren Robotersteuerung möglich sein. Industrieroboter werden im allgemeinen durch einsatzspezifische Kenngrößen, wie sie in der VDI-Richtlinie 2861 definiert sind, beschrieben (Abb. 3.8). Für die sensorgeführte Bahnbearbeitung sind hierbei insbesondere die kinematischen und die Genauigkeitskenngrößen von Bedeutung.

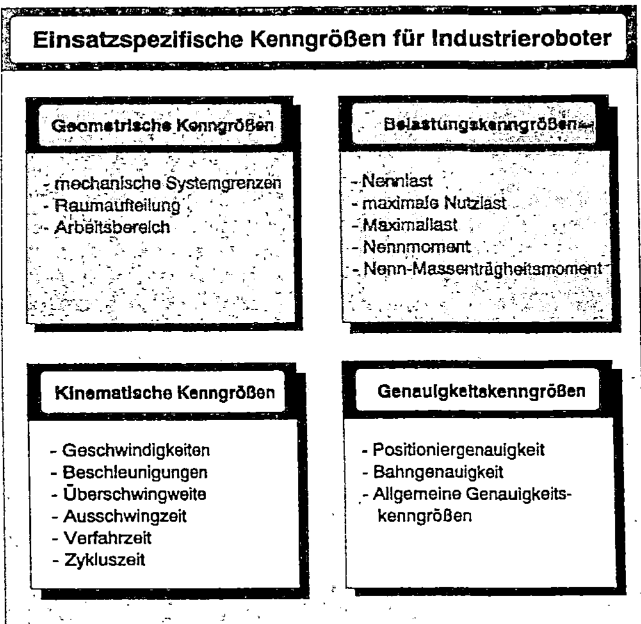

Abb. 3.8: *Einsatzspezifische Kenngrößen eines Industrieroboters nach VDI-Richtli-*
nie 2861

3.3.2.1 Anforderungen an die Robotermechanik

Für eine 3D-Bearbeitung muß der eingesetzte Roboter über mindestens fünf Freiheitsgrade verfügen. Dabei müssen wenigstens zwei rotatorische Achsen vorhanden
sein, die zur variablen Orientierungseinstellung eines rotationssymmetrischen Werkzeuges während der Bearbeitung erforderlich sind. Beispiele für näherungsweise
rotationssymmetrische Werkzeuge sind eine Schutzgasschweißpistole, eine Kle-
berauftragsdüse oder auch ein zirkular polarisierter Laserstrahl. Handelt es sich um
kein rotationssymmetrisches Werkzeug, sind Roboter mit mindestens sechs Freiheitsgraden erforderlich, um eine freie Orientierung des Werkzeugs im Raum zu ermöglichen. Ein Beispiel für ein gerichtetes Werkzeug ist ein Laserschweißkopf mit
integrierter Zusatzdrahtzuführung. Hier ist die konstante Ausrichtung der Zusatzdrahtzuführung entlang der Schweißbahn Voraussetzung für eine hohe Qualität der
Schweißung (Abb. 3.9). Neben den grundsätzlichen Anforderungen an die Beweglichkeit der Robotermechanik sind eine hohe Positionier- und Bahngenauigkeit von
ausschlaggebender Bedeutung für die erzielbare Qualität einer sensorgeführten Bahnbearbeitung (siehe auch Kap. 5.3).

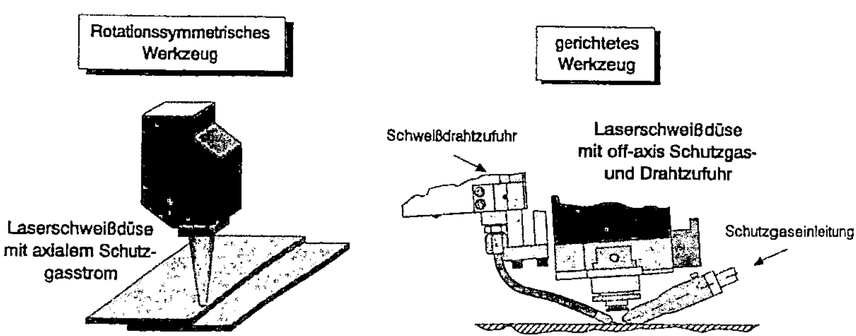

Abb. 3.9:   *Rotations- und nicht-rotationssymmetrische Werkzeuge bezüglich ihrer Funktion*

3.3.2.2   Anforderungen an die Robotersteuerung

Die Robotersteuerung erhält durch den Einsatz von Konturfolgesystemen zwei weitere Aufgaben. Erstens muß sie eine geeignete Schnittstelle bedienen, die sowohl für einen hohen Datendurchsatz konzipiert ist als auch den Echtzeitanforderungen genügt. Zweitens muß sie in der Lage sein, Korrektur- bzw. Bahninformationen in der Bahnplanung zu berücksichtigen. In Kap. 3.3.1.2 konnte anhand einfacher Überlegungen gezeigt werden, daß zur Einhaltung einer Abtastgenauigkeit von 0.1 mm und einer Bahngeschwindigkeit von 300 $^{mm}/_s$ eine Abtastzeit von 4-5 ms realisiert werden muß. Das bedeutet für die Steuerung, daß sie die Daten in dieser Zeit verarbeiten muß, um den Echtzeitanforderungen gerecht zu werden. Derzeit stehen drei Möglichkeiten zur Verfügung, Korrekturwerte an die Bahnplanung der Steuerung zu übergeben, die sich neben den Anforderungen an die aufbereiteten Korrekturdaten insbesondere durch ihre Taktraten unterscheiden (Abb. 3.10, *Feldmann u. a. 1994).* Der langsamste Eingriff erfolgt über die azyklische Korrektur von Programmblöcken. Hierbei handelt es sich um keine echte On-Line Bahnkorrektur, da vor der Abarbeitung des Bahnprogramms Sensorwerte eingelesen und zu einer Nullpunktkorrektur verrechnet werden. Während der Bahnbearbeitung erfolgt keine weitere Korrektur *(Perceptron 1993).* Eine echte On-Line Korrektur ist über den Eingriff in die Bahnplanung im Interpolationstakt (IPO) möglich, der mit kartesischen Koordinaten arbeitet und derzeit je nach Robotersteuerung 5 bis 60 ms Taktzeit aufweist, oder über den schnelleren Feininterpolationstakt (FIPO), der mittels Gelenkkoordinaten derzeit Taktzeiten von 0.5 bis 8 ms bei marktgängigen Systemen erreicht. Für die Konturverfolgung eignen sich damit nur die beiden zuletztgenannten, zyklischen Eingriffsarten. Welche Eingriffsmöglichkeit zum Einsatz kommen soll, hängt im wesentlichen von der Funktionalität der Steuerung und den Anforderungen an die erforderliche Zykluszeit aus der Bearbeitungsaufgabe ab (siehe auch Kap. 4.3.2.1).

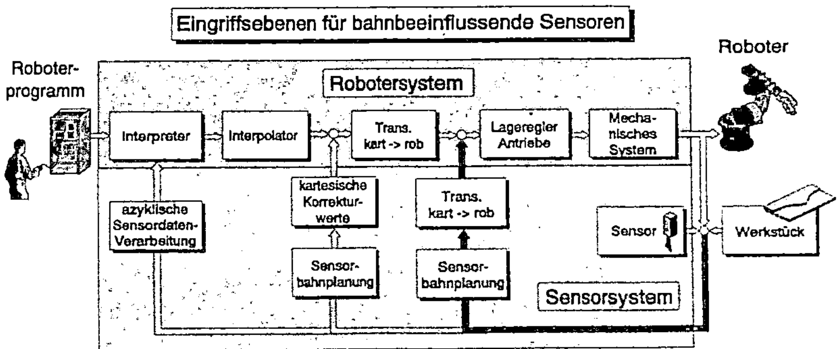

Abb. 3.10: Eingriffsmöglichkeiten in die Bahnplanung heutiger Industrieroboter

3.4   Physikalische Prinzipien

Die Entwicklung von Sensorsystemen zur Abtastung von Bauteilgeometrien und hier insbesondere von Systemen zur Bahnverfolgung bzw. Bahnkorrektur bildete seit den siebziger Jahren einen Schwerpunkt in Firmen und Forschungseinrichtungen. Dies hatte und hat eine große Anzahl von Systemen zur Folge, die einerseits unterschiedliche physikalische Prinzipien nutzen und anderseits für verschiedene Einsatzgebiete optimiert wurden. Eine Vielzahl entwickelter Sensoren konnte dabei das Prototypenstadium nicht überschreiten, da sie entweder an physikalisch-technische oder wirtschaftliche Grenzen stießen.

Jeder Sensor basiert auf einem physikalischen Meßverfahren, dessen Wechselwirkungen mit dem Meßobjekt zu einem Ausgangssignal führen, welches von einer Auswerteeinheit aufbereitet wird.

Die verschiedenen eingesetzten Meßverfahren unterscheiden sich teilweise stark in ihren Meßauflösungen und .-geschwindigkeiten. Für die sensorgestützte Konturverfolgung bildet die Erfassung der Kontur die Grundlage. Als Stellsignale benötigt das Handhabungsgerät mindestens die Abstandsinformation und die Lateralposition der Kontur. Bei allgemeinen 3D-Anwendungen wird darüber hinaus auch eine Orientierungsinformation benötigt.

Zur eindimensionalen Abstandsmessung wurde eine breite Palette von Verfahren entwickelt. Diese lassen sich durch Einführen einer Verschiebe- oder Verdrehbewegung senkrecht zur Meßachse zu einem zweidimensionalen Sensor erweitern (Abb. 3.11).

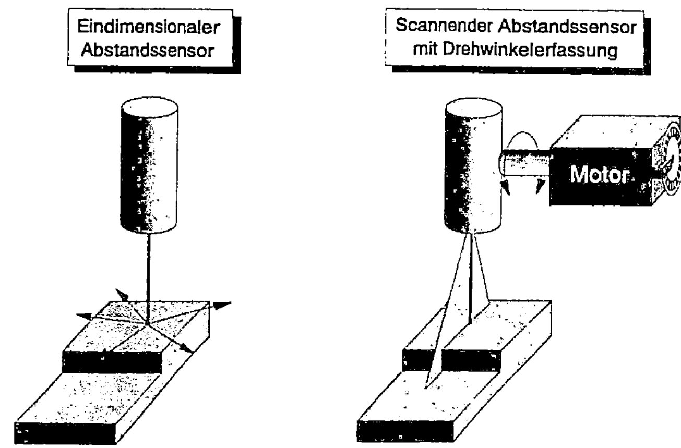

Abb. 3.11: Erweiterung eines eindimensionalen Abstandssensors zu einem zweidimensionalen Sensor

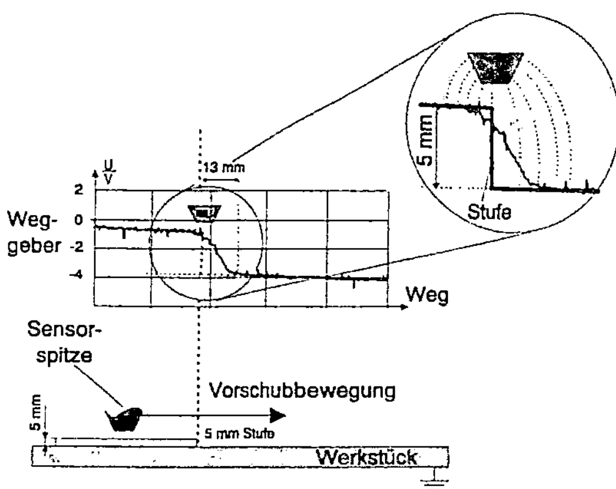

Abb. 3.12: Meßsignal eines kapazitiven Abstandssensors beim Überfahren einer Kante

Voraussetzung für eine hohe Lateralauflösung ist dabei ein kleiner Meßfleckdurchmesser. Viele Verfahren erzeugen jedoch einen Meßfleckdurchmesser von mehreren Millimetern, innerhalb dessen ein gemittelter Meßwert erfaßt wird. Dieses integrative Verhalten führt zu einer Filterung der Kontur, was sich in stark verrundeten Konturabbildungen widerspiegelt und so zu geringen Meßauflösungen führt. In Abb. 3.12 ist das Meßsignal eines kapazitiven Abstandssensors beim Scannen einer Kante zu sehen.

Neben eindimensionalen Systemen ermöglichen manche taktile, induktive bzw. optische Verfahren ein direktes Vermessen in mehreren Dimensionen, was zu Zeitvorteilen gegenüber scannenden Abstandssensoren führt und damit höhere Vorschubge-schwindigkeiten erlaubt (siehe auch Kap. 3.4.1).

Neben der reinen Meßaufgabe stellt der Bearbeitungsprozeß die wesentliche Bedin-gung für den Sensoreinsatz dar. Oftmals kann nicht direkt im Arbeitspunkt gemessen werden, da dieser aufgrund mangelnder Zugänglichkeit, hoher Temperatur oder intensiver Leuchterscheinungen nicht genutzt werden kann. In diesen Fällen muß daher vorlaufend gemessen werden, was die Implementierung einer Vorlaufsteuerung erfordert.

Aus der Vielzahl der physikalischen Wandlungsprinzipien sollen im Anschluß die bedeutendsten herausgegriffen und hinsichtlich ihrer Eignung für genaue Hochge-schwindigkeitsanwendungen näher untersucht werden. Es lassen sich entsprechend ihrer Bedeutung zwei Gruppen bilden, die der nicht-optischen und die der optischen Verfahren.

3.4.1 Nicht-optische Sensoren

Die nicht-optischen Verfahren konnten sich bislang nur für wenige ebene Kontur-folgeanwendungen qualifizieren. Sie sind aus Gründen der Vollständigkeit in Tabelle 3.1 zusammengefaßt.

Gruppe	Funktionsprinzip	Vorteile	Nachteile	Bemerkungen
Taktil	werkstückberührend Kräfte oder Bewegungen werden auf Wandler übertragen	geringe Kosten	begrenzte Dynamik, kleiner Meßbereich, Verschleiß, Kollisionsgefahr	geeignet für einfache Führungsaufgaben, ebene Anwendungen
Induktiv	Erfassen eines vom Werkstück induzierten Magnetfeldes	geringe Kosten	kleiner Meßabstand, materialabhängig, nur für metallische Werkstoffe geeignet, großer Meßfleck	geeignet für einfache Führungsaufgaben, ebene Anwendungen
Kapazitiv	Messung der Kapazität des "Kondensators" Meßspitze - Werkstück	geeignet für elektrisch leitende und nicht-leitende Materialien	kleiner Meßabstand, materialabhängig, großer Meßfleck.	Haupteinsatzgebiet ist Abstandsmessung, bislang nicht für Konturverfolgung eingesetzt
Elektrisch	Prozeßstrommessung	sehr geringe Kosten	nur für Lichtbogenschweißen geeignet, keine Nahtanfangs- oder -endeerkennung möglich	häufig eingesetzt beim Lichtbogenschweißen. Pendeln erforderlich. ebene Anwendungen
Akustisch	Laufzeitmessung von Ultraschallimpulsen	großer Meßabstand, hohe Meßauflösung	temperaturabhängig, großer Meßfleck, geringe Abtastfrequenz	derzeit nicht zur Konturverfolgung eingesetzt

Tabelle 3.1: Nicht-optische Sensoren

3.4.2 Optische Sensoren

Nahezu alle neueren Ansätze in der Entwicklung von Sensoren zur Konturverfolgung basieren auf optischen Verfahren. Allen optischen Sensoren gemeinsam ist das berührungslose Abtastverfahren und der ausreichend große Meßabstand zwischen Meßobjekt und Sensor. Außerdem lassen sich mit ihnen hohe Abtastraten realisieren, eine wichtige Voraussetzung für schnelle Konturfolgesensoren. Optische Sensoren bilden eine sehr inhomogene Gruppe, was auf die Vielzahl unterschiedlicher optisch-physikalischer Meßprinzipien zurückzuführen ist. Sie lassen sich jedoch bezüglich der Anzahl der pro Meßvorgang ermittelten Freiheitsgrade in ein-, zwei- und dreidimensional arbeitende Systeme einordnen.

3.4.2.1 Eindimensionale optische Meßverfahren

Eine sehr große Untergruppe sind hierbei die Abstandssensoren. Sie bilden in vielen Fällen die Basis für komplexe Sensorsysteme, da ihr Strahlengang einfach über Spiegeloptiken abgelenkt werden kann und sich daraus mehrdimensionale Informationen erzeugen lassen (Abb. 3.11).

Von Bedeutung für die Fertigungstechnik sind insbesondere Systeme, die weitgehend unabhängig von der Oberflächenbeschaffenheit und Farbe des Meßobjektes den Abstand ermitteln können. Hier konnten sich vier Verfahren etablieren. Es sind dies die astigmatische Fokussierung, die Pulslaufzeitmessung, die Phasenmodulation und die Triangulation.

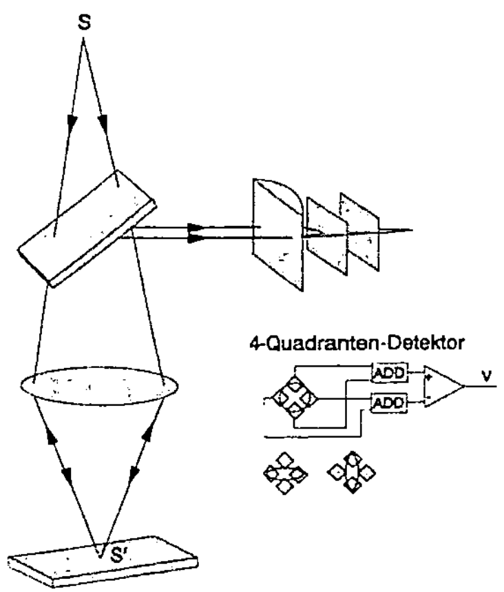

Abb. 3.13: Meßprinzip der astigmatischen Fokussierung

Die astigmatische Fokussierung, auch oftmals als Autofokus bezeichnet, besitzt einen sehr einfachen Aufbau. Der Lichtstrahl einer Punktlichtquelle wird durch eine Optik auf das Meßobjekt fokussiert. Ein Teil der reflektierten Strahlung gelangt wieder in die Optik zurück und wird durch einen im Strahlengang befindlichen teildurchlässigen Spiegel auf eine Zylinderlinse abgelenkt, die den Strahl auf einen Vier-Quadranten-Detektor projiziert. Befindet sich das Meßobjekt im Fokus des Hauptlichtstrahls, wird der Detektor so ausgeleuchtet, daß die analoge Auswerteelektronik, bestehend aus zwei Addierern und einer Differenzwertschaltung, kein Signal erzeugt. Verschiebt sich das Meßobjekt aus der Fokusebene, wird der Detektor aufgrund der astigmatischen Eigenschaften der Zylinderlinse ungleichförmig ausgeleuchtet und die Auswerteelektronik liefert ein Spannungssignal, das sich mit der Verschiebung ändert und dessen Vorzeichen die Richtung der Verschiebung relativ zur Fokuslage anzeigt (Abb. 3.13). Mit diesem Verfahren sind sehr hohe Auflösungen in einer Größenordnung bis zu 10 nm erzielbar, was ca. 0.1 % des Meßbereichs entspricht. Die Meßbereiche sind jedoch mit 1 mm sehr klein. *Tönshoff u. a. (1994)* beschreiben einen etwas anderen Meßaufbau mit beweglicher Linse, was im wesentlichen der Laserabtastung von CD-Playern entspricht *(Carasso u. a. 1982, S. 151-155)*. Die Abtastfrequenz ist hierbei aufgrund der bewegten Linse vom erlaubten Maximalhub abhängig und beträgt bis zu 1 kHz bei 10 μm Meßbereich. Aufgrund der hohen Auflösung werden mit diesem Verfahren vorzugsweise Oberflächenstrukturen untersucht.

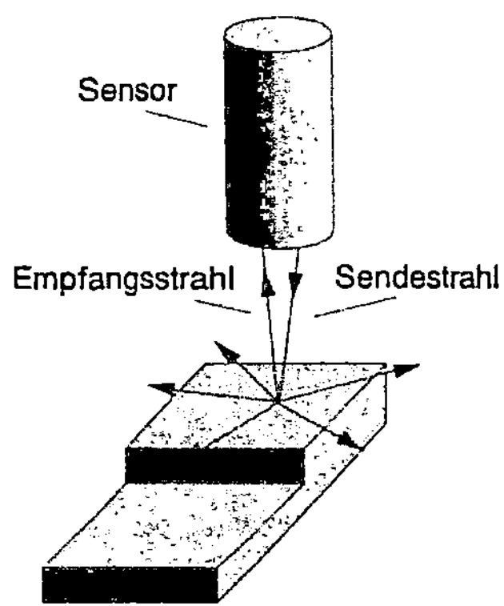

Abb. 3.14: Abstandsmessung durch das Pulslaufzeitverfahren

Beim Pulslaufzeitverfahren wird von einer Laserdiode ein Lichtimpuls ausgesandt, der von der Werkstückoberfläche diffus reflektiert und von der Empfangseinheit, einer schnellen Photodiode, ausgewertet wird. Die Auswerteelektronik mißt die Zeit, die der Lichtimpuls vom Sender zum Empfänger benötigt, und ermittelt daraus den Abstand zum Meßobjekt (Abb. 3.14). Für eine Meßauflösung von 1 mm wird eine zeitaufgelöste Messung im Pikosekundenbereich benötigt *(Myllylä u. a. 1993)*. Die Anstiegszeit heutiger GaAs-Laserdioden beträgt jedoch bereits 500 Pikosekunden. Um dennoch diese Auflösung zu erzielen, muß ein erheblicher Schaltungsaufwand für die Auswerteelektronik betrieben werden. Zusätzlich bieten sich Mehrfachmessungen an, die einen statistisch gemittelten Meßwert erzeugen. Dadurch wird jedoch die maximale Nutzabtastfrequenz reduziert, was sich negativ auf eine schnelle Konturerfassung auswirkt. Ein weiteres Hemmnis des auch als Laserradar bekannten Verfahrens ist der vergleichsweise große Strahldurchmesser, der die seitliche Auflösung bei Übergängen und Kanten auf ca. 3 mm begrenzt *(Dietrich 1985)*.

Beim Phasenmodulationsverfahren wird der Laserstrahl mit einem sinusförmigen Signal konstanter Frequenz moduliert, die üblicherweise zwischen 5 und 500 MHz liegt. Es wird dadurch eine Welle erzeugt, die sich wie die Trägerwelle mit Licht-

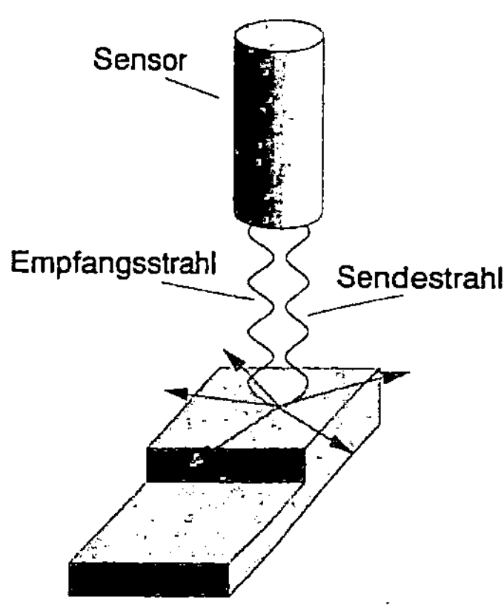

Abb. 3.15: Die Phasenmodulation

geschwindigkeit ausbreitet, jedoch mit einer um mehrere Zehnerpotenzen größeren Wellenlänge (Abb. 3.15). Bei einem guten Signal-Rausch-Abstand lassen sich Phasendifferenzen auf 2 mrad mit konventioneller Meßtechnik auflösen, was einer Wegstrecke von $\frac{1}{1800}$ der modulierten Wellenlänge entspricht. Aus den Phasenverschiebungen läßt sich der Abstand zum Meßobjekt bestimmen. Es ist dabei jedoch zu beachten, daß mit diesem Meßprinzip nur relative Maße bestimmt werden können, da die Phasenverschiebung periodisch ist. Bei einer Wellenlänge von 0.6 m, was einer Modulationsfrequenz von 500 MHz entspricht, lassen sich

Abstände auf ca. 0.3 mm genau vermessen. Weist das Meßobjekt schlechte Reflexionseigenschaften auf, so kann dies zu einer Streuung der Meßwerte führen, was durch Mehrfachmessung und statistische Mittelung ausgeglichen werden kann, dabei aber zu einer Reduzierung der Abtastrate führt.

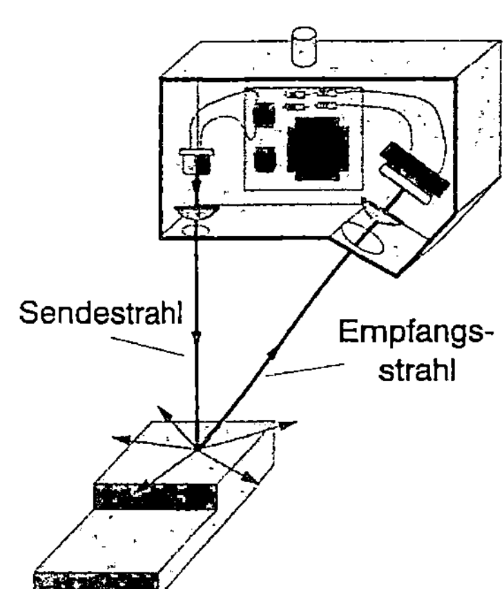

Abb. 3.16: Das Triangulationsverfahren

Das vierte, sehr weit verbreitete Verfahren zur Abstandsmessung realer Bauteiloberflächen ist die Triangulation. Es handelt sich hierbei um ein geometrisches Verfahren. Eine Lichtquelle, üblicherweise ein Laser, erzeugt ein schmales Bündel parallelen Lichts, welches auf das Werkstück projiziert wird. Ein Teil des von dort diffus reflektierten Lichts wird von einer unter einem definierten Winkel angeordneten Empfangsoptik erfaßt und auf einen positionsempfindlichen Photoempfänger projiziert. Die Stelle der maximalen Intensität stellt ein Maß für den Abstand zum Meßobjekt dar (Abb. 3.16). Die maximale Auflösung des Verfahrens hängt dabei in erster

Linie von der Anordnung der optischen Elemente ab und reicht bis zu 0.1% des Meßbereichs. Mit diesem Verfahren lassen sich in Abhängigkeit vom Meßbereich

Auflösungen von bis zu 0.05 mm erzielen. Die Systeme erreichen dabei eine Abtastfrequenz von bis zu 500 kHz *(MEL 1994)*.

3.4.2.2 Zweidimensionale optische Meßverfahren

Wie bereits oben erwähnt, lassen sich eindimensionale Abstandsmeßverfahren leicht in zweidimensionale Verfahren überführen. Galvanoscanner erlauben eine schnelle Ablenkung des Lichtstrahles. Da sowohl Sende- als auch Empfangslichtstrahl über Spiegel umgelenkt werden, bleiben für Sender und Empfänger die geometrischen Verhältnisse unverändert, was eine einfache Auswertung erlaubt. Die meisten dieser Laserscanner nutzen dabei das Triangulationsverfahren, da es sehr robust und einfach zu realisieren ist. Es läßt sich selbst unter extremen Bedingungen einsetzen und leicht an unterschiedliche Meßaufgaben anpassen. Die Meßgenauigkeit wird durch die Auflösung des Abstandssensors einerseits und des Galvanoscanners andererseits bestimmt. Die maximale Geschwindigkeit, mit der der Sensor über das Bauteil geführt werden darf, ergibt sich aus der benötigten Lateralgenauigkeit und der Abtastfrequenz des Abstandssensors.

Neben diesen mechanischen Laserscannern verfügen Lichtschnittsensoren über keinerlei bewegte Bauteile, was zu einer hohen Betriebssicherheit führt. Beim Lichtschnittverfahren schließen Sende- und Empfangsoptik, ähnlich wie beim eindimensionalen Triangulationsverfahren, einen definierten Winkel ein. Im Gegensatz zum scannenden Sensor erzeugt hier eine Zylinderlinse einen Lichtstreifen auf dem Werkstück. Dieser wird von der Empfangsoptik auf ein CCD (Charged Coupled Device) projiziert und von einer nachgeschalteten Bildverarbeitung ausgewertet (Abb. 3.17).

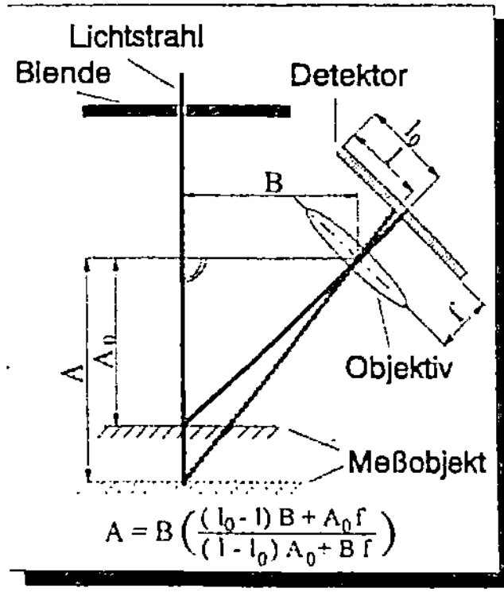

$$A = B\left(\frac{(l_0 - l)\,B + A_0 f}{(l - l_0)\,A_0 + B f}\right)$$

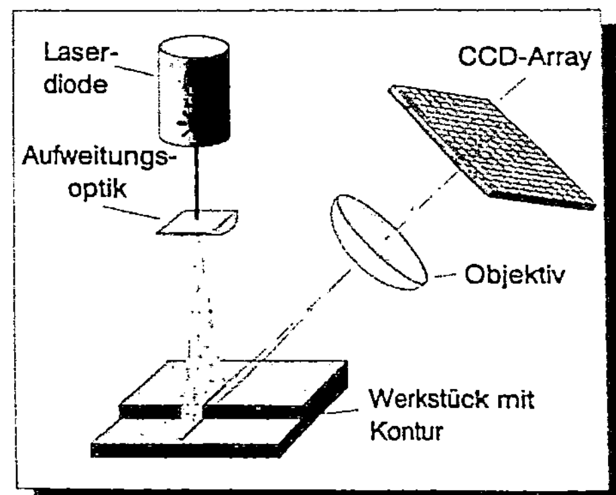

Abb. 3.17: Das Lichtschnittverfahren

Üblicherweise kommen hierfür CCD-Arrays von 128 x 128 bis 512 x 512 Pixeln zum Einsatz. Die tatsächlich erzielbare Meßauflösung kann durch integrierende Bildauswertungsverfahren und durch die Berücksichtigung von Grauwerten auf ein mehrfaches der rein rechnerischen Pixelauflösung gesteigert werden *(Pritschow & Horn 1991)*. Das Lichtschnittverfahren stellt dabei sehr hohe Anforderungen an die Bildverarbeitung, insbesondere was die Verarbeitungsgeschwindigkeit betrifft, so daß sehr leistungsstarke Rechner eingesetzt werden müssen. Ähnlich wie bei eindimensionalen Triangulationsverfahren lassen sich auch beim Lichtschnittverfahren Meßbereich und Auflösung in weiten Bereichen an den jeweiligen Anwendungsfall anpassen.

3.4.2.3 Dreidimensionale optische Meßverfahren

Analog zum Übergang von ein- zu zweidimensionalen Sensoren lassen sich durch Einführen einer Relativbewegung zwischen Werkstück und Sensorkopf, orthogonal zur Scan- oder Lichtschnittebene eines zweidimensionalen Sensors, dreidimensionale Oberflächen erfassen. Diese Vorgehensweise stellt den Standardfall für die Konturerfassung dar. Es sind jedoch auch optische Verfahren im Einsatz, die ohne zusätzliche Bewegung eine Oberfläche abtasten können.

Das Streifenprojektionsverfahren oder auch Moiré-Verfahren erlaubt das dreidimensionale Vermessen von Objekten. Der Moiré-Effekt entsteht, indem periodische Muster überlagert werden und miteinander interferieren. Beispiele hierfür sind das Übereinanderlegen zweier Gitter mit leicht unterschiedlichen Gitterkonstanten oder das Verdrehen zweier Gitter (Abb. 3.18).

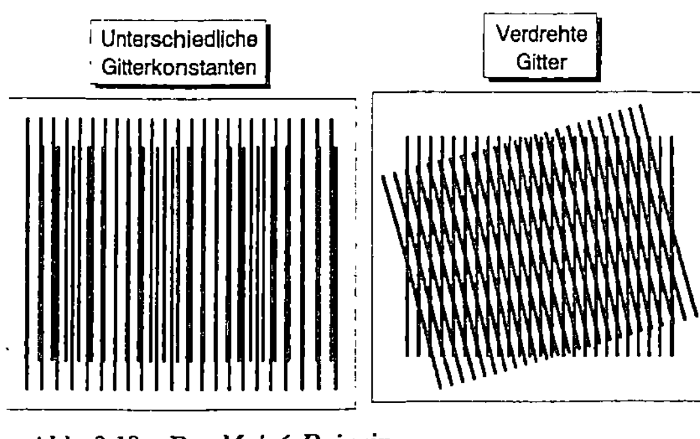

Abb. 3.18: Das Moiré-Prinzip

Es bilden sich neue Muster, die maßgeblich von der Differenz der Gitterkonstanten beziehungsweise vom Verdrehwinkel abhängen. Moiré-Muster zur Oberflächenvermessung lassen sich auf zweierlei Art erzeugen. Beim Schattenmoiré-Verfahren wird ein feines Liniengitter unmittelbar vor dem zu messenden Objekt plaziert und von einer Lichtquelle durchstrahlt. Wird das projizierte Gitter von einer versetzten Position aus betrachtet, so zeigt sich aufgrund der Oberflächentopographie ein verzerrtes Abbild, das mit dem Gitter interferiert und ein Moiré-Muster bildet. Das Schattenmoiré-Verfahren ist einfach zu realisieren, erfordert aber ein für das Objekt ausreichend großes Gitter.

Beim Projektionsmoiré-Verfahren wird mit zwei Gittern gearbeitet, wobei das erste Gitter auf die Oberfläche projiziert und das Abbild durch ein zweites Gitter betrachtet wird. Wenn ein CCD-Array als Bildaufnehmer zum Einsatz kommt, kann auf das zweite Gitter verzichtet werden, da das aufgenommene Videobild aus Zeilen aufgebaut ist, die wie ein Gitter wirken.

Beim Projektionsverfahren ist der Einrichtungsaufwand höher als beim Schattenmoiré-Verfahren, dafür kann aber ein immer gleiches, kleines Gitter im Projektor fest installiert werden. In Verbindung mit einer CCD-Kamera ergibt sich ein kompakter Meßaufbau, der in der Praxis fast ausschließlich verwendet wird *(Heckmann 1994)*. Dabei können Auflösungen von ca. 50 mm erreicht werden. Abb. 3.19 rechts zeigt das Moirémuster einer Kehlnaht auf einem konkav gekrümmten Blechbauteil.

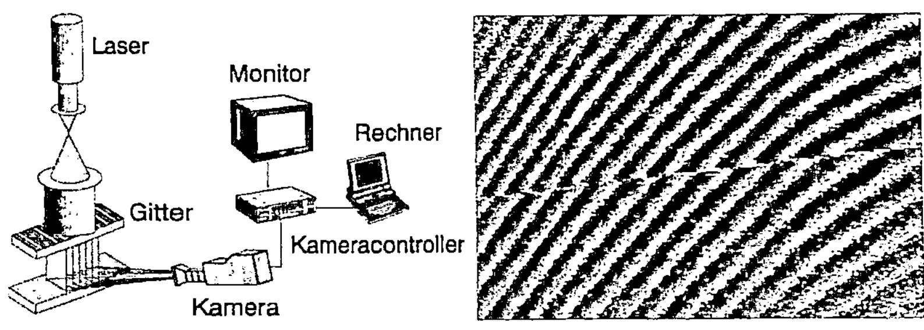

Abb. 3.19: Der prinzipielle Aufbau eines Moiré-Sensors

Ein weiteres dreidimensional arbeitendes Verfahren stellt die Stereobildverarbeitung dar. Hierfür wird ein System aus zwei Kameras so angeordnet, daß diese das zu vermessende Objekt aus zwei Richtungen betrachten. Jede Kamera liefert dabei ein zweidimensionales Abbild des Meßobjektes. Analog zum räumliche Sehen des Menschen können die zwei Einzelbilder unter genauer Kenntnis der Relativposition der beiden Kameras zueinander sowie der Verzerrung des Bildes durch die optische Abbildung in der Kamera zusammengefaßt und ausgewertet werden, woraus sich eine Tiefeninformation rekonstruieren läßt (Abb. 3.20). Üblicherweise arbeiten die Algorithmen kantenorientiert. Dies bedeutet, daß die jeweils korrespondierenden

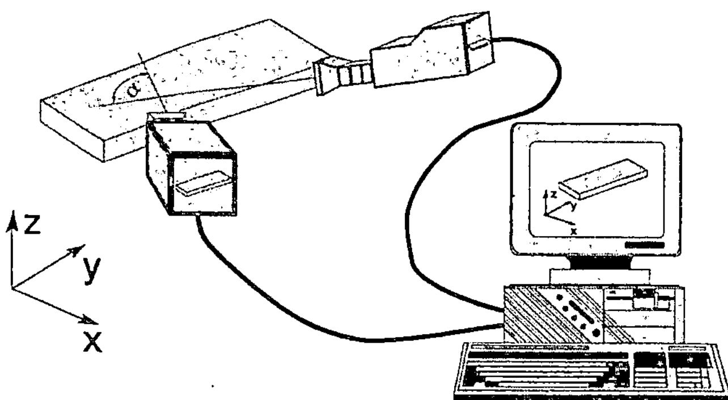

Abb. 3.20: Räumliche Geometrieinformationen durch zwei überlagerte Videobilder

Konturbilder durch deren Kanten identifiziert werden. Mit diesem Verfahren sind je nach Objektgröße Auflösungen von ca. 50 mm möglich. Obwohl bereits sehr leistungsfähige Auswertungsalgorithmen entwickelt wurden *(Bässman & Besslich 1989, Moctezuma u.a. 1994)*, steigt die zur Entfernungsmessung erforderliche Rechenzeit mit zunehmender Anzahl der Kanten deutlich an. Dies hat zur Folge, daß dieses Verfahren bei realen Umgebungsverhältnissen schnell an Grenzen hinsichtlich der geforderten Auswertungsgeschwindigkeit stößt. Um mit diesem System eine hohe Tiefenauflösung zu erreichen, müssen schleifende Schnitte der detektierten Kanten vermieden werden. Hierfür ist ein großer Winkel α zwischen den Abbildungsstrahlen erforderlich. Dies kann jedoch zur Folge haben, daß bestimmte Kanten für die eine Kamera sichtbar sind, für die andere Kamera jedoch im abgeschatteten Bereich liegen und umgekehrt. Das führt schließlich dazu, daß die von der einen Kamera erfaßten Kanten nicht unbedingt im Bild der zweiten Kamera zu finden sind, was die Auswertung erheblich erschwert *(Schneider 1989)*. Darüber hinaus benötigt eine derartige Anordnung freie Sicht auf das Bauteil, was insbesondere beim Schweißen realer Bauteile aufgrund von Spanntechnik und Schweißwerkzeug in der Regel nicht gewährleistet werden kann.

3.5 Bewertung der Meßverfahren

Grundsätzlich lassen sich mit jedem der hier beschriebenen Meßprinzipien Sensorsysteme entwickeln, die sich zur Konturerfassung eignen, indem beispielsweise eindimensional arbeitende Systeme über Zusatzeinrichtungen das Bauteil punktweise abtasten. So gab und gibt es eine Reihe von Ansätzen, Aufgabenstellungen für die Konturverfolgung mit Spezialanpassungen unterschiedlicher Meßprinzipien zu lösen

(Krupp 1992, Ruoff 1989). Ziel muß es jedoch sein, ein flexibles System zu entwickeln, welches sich einfach an spezifische Applikationen anpassen läßt. Aus der Vielzahl der beschriebenen Meßprinzipien eignen sich jedoch nur wenige als Basis für industriell einsetzbare Konturverfolgungssysteme, da viele entweder den Genauigkeits- bzw. Geschwindigkeitsanforderungen nicht genügen oder zu unflexibel sind.

Taktile Sensoren werden aufgrund des berührenden Meßprinzips und der damit verbundenen hohen Kollisionsgefahr heute nur noch sehr selten eingesetzt.

Induktive, kapazitive, pneumatische und akustische Sensoren erzeugen einen großen Meßfleck, so daß die Meßauflösung in lateraler Richtung für die meisten Anwendungsfälle zu gering ist. Außerdem erfordern die drei erstgenannten Verfahren sehr kurze Meßabstände, die sie für 3D-Anwendungen unbrauchbar machen, da diese Anwendungen durch komplexe Geometrien und eingeschränkte Zugänglichkeiten gekennzeichnet sind. Ihr Hauptanwendungsfeld liegt daher im Bereich der 2D-Konturverfolgung oder der reinen Abstandsmessung.

Elektrische Sensoren konnten sich aufgrund ihres einfachen Aufbaus und den damit verbundenen geringen Kosten im Bereich des konventionellen Schutzgasschweißens etablieren. Sie sind jedoch an diesen Prozeß gebunden und daher unflexibel hinsichtlich der Bearbeitungsaufgabe.

Die größte Verbreitung unter den Konturfolgesensoren konnten die optischen Systeme erzielen. Dies läßt sich insbesondere auf ihre hohe Flexibilität, ihre berührungslose und damit verschleißfreie Abtastung und ihren vergleichsweise großen Meßabstand zurückführen. Zusätzlich erweisen sie sich als sehr robust gegenüber Störeinflüssen sowohl optischer, mechanischer als auch elektromagnetischer Natur. In der Vergangenheit wurde eine Vielzahl von optisch arbeitenden Konturfolgesystemen an Forschungseinrichtungen und in der Industrie entwickelt. Die Anforderungen einer rauhen Arbeitsumgebung mit hoher Betriebssicherheit und Meßgenauigkeit konnten in erster Linie scannende Triangulationssensoren und Lichtschnittsensoren erfüllen. Diese Prinzipien finden sich daher in nahezu allen industriell verfügbaren Systemen wieder. Die Mehrheit der Systeme wurde jedoch für Schutzgasschweißanwendungen konzipiert, was zu Meßgenauigkeitsanforderungen von 0.3 - 0.5 mm bei Bearbeitungsgeschwindigkeiten von maximal 2.5 $^m/_{min}$ führte, also Anforderungsquotienten im Bereich von 80 bis 140 $^1/_s$ entsprechen.

Weiterentwicklungen auf den Gebieten der Optoelektronik und der Rechnertechnik ermöglichen jedoch die Entwicklung von Systemen, die den in Kap. 3.3.1.2 definierten Anforderungen gerecht werden können.

4 Konzeption eines Sensorsystems zur Konturverfolgung

Alle bis ca. 1992 am Markt erhältlichen Sensoren zur Bahnverfolgung waren für vergleichsweise geringe Anforderungen hinsichtlich Geschwindigkeit und Genauigkeit ausgelegt, da sie für das Schutzgasschweißen oder für Prozesse mit ähnlichen Anforderungsquotienten wie beispielsweise das Autogenbrennschneiden entlang von Kanten *(Kroth 1991)* konzipiert waren. Um die Technologie des Konturverfolgens auch für Aufgaben nutzbar zu machen, die Anforderungsquotienten von deutlich über 1000 $\frac{1}{s}$ erreichen, wurde im Rahmen dieser Arbeit ein neues Sensorsystem konzipiert und industriell umgesetzt.

In Kap. 3.4 wurden die unterschiedlichen Prinzipien zur Geometrievermessung vorgestellt und bewertet. Aus der Vielzahl der Verfahren können jedoch nur die optischen Meßverfahren und hier insbesondere das Triangulationsverfahren und dessen Erweiterung, das Lichtschnittverfahren, die in Kap. 3.3.1.2 abgeleiteten Anforderungen erfüllen.

Die erforderliche hohe Abtastfrequenz von mehr als 200 Hz läßt sich mit scannenden Triangulationssystemen nur schwer erreichen. Ein weiterer entscheidender Nachteil dieser Systeme ist die anfällige Mechanik, die zudem das Bauvolumen des Sensorkopfes vergrößert, was wiederum die Zugänglichkeit bei der Bearbeitung dreidimensionaler Bauteile einschränkt.

Das Lichtschnittverfahren benötigt keine mechanisch bewegten Bauteile; die Abtastfrequenz wird ausschließlich durch die eingesetzten elektronischen Bauteile festgelegt. Im Gegensatz zum scannenden Triangulationssensor, der die Abstandsinformation über einen linienförmigen Detektor gewinnt, benötigen Lichtschnittsensoren, wenn sie nicht auf dem störungsanfälligen und ungenauen Schattenwurfprinzip basieren, flächige Detektoren, die in Form eines CCD-Chips mit matrixförmig angeordneten lichtempfindlichen Zellen ausgeführt sind. Die Auswertung der Daten eines CCD-Arrays in Echtzeit gestaltet sich aufgrund der hohen Datenmengen sehr aufwendig. Moderne Mikroprozessoren sind inzwischen in der Lage, die anfallenden Datenmengen eines CCD-Arrays in Echtzeit zu verarbeiten. Echtzeit bedeutet hier, daß jedes von der CCD-Kamera gelieferte Bild im Takt der Abtastfrequenz ausgewertet und die relevanten Daten extrahiert werden können.

War noch vor wenigen Jahren die beschränkte Verarbeitungsgeschwindigkeit der Sensorrechner der Hauptgrund für die Realisierung scannender Systeme, basieren aufgrund der kostengünstig verfügbaren hohen Rechenleistungen alle modernen Systeme auf dem Lichtschnittprinzip.

4.1 Konzeption eines Sensorkopfes

4.1.1 Mechanischer Aufbau

Im Sensorkopf sind die Strahlerzeugung, die Kamera, die optischen Elemente wie Spiegel und Linsen sowie einige elektronische Komponenten angeordnet. Der Sensorkopf befindet sich unmittelbar am Bearbeitungswerkzeug und muß daher eine geringe Masse und ein kleines Bauvolumen aufweisen. Das Bauvolumen wird im wesentlichen durch die Basisbreite und die Höhe des Sensorkopfes bestimmt. Die Basisbreite des Sensorkopfes ist durch die Austrittsöffnung des Sendelichts und die Eintrittsöffnung des reflektierten Lichts festgelegt. Diese hängen ihrerseits vom gewünschten Meßabstand zum Werkstück und dem Triangulationswinkel α_{Tr} ab, der üblicherweise zwischen 30° und 45° beträgt. Durch die Faltung des Strahlenganges läßt sich die Basisbreite verringern (Abb. 4.1) und somit das Bauvolumen reduzieren. Die Sensorkopfhöhe wird einerseits durch den optischen Strahlengang im Sensorkopf und andererseits durch die Bauhöhe der Kamera bestimmt.

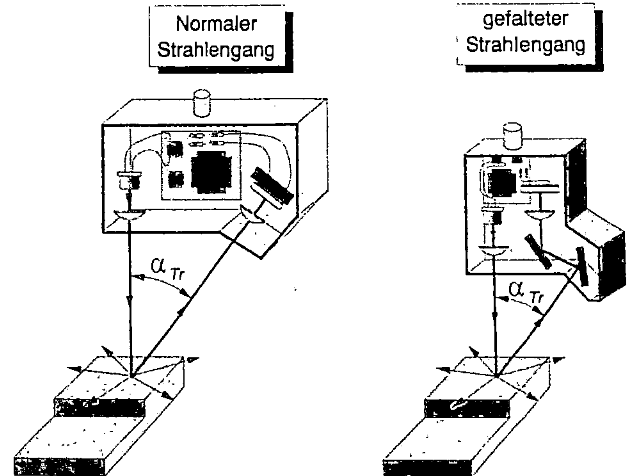

Abb. 4.1:   *Vergleich der Sensorkopfgröße bei normalem und bei gefaltetem Strahlengang*

Neben diesen geometrischen Randbedingungen ist darauf zu achten, daß das Sensorkopfgehäuse gegen Umgebungseinflüsse wie Staub und Dämpfe abgedichtet ist und Schutzgläser für die optischen Komponenten einfach und schnell ausgetauscht werden können. Bohrungen und Gewinde für die Montage des Sensorkopfes sind so auszuführen, daß sie keine Verspannungen im Sensorkopf hervorrufen, die zu einer Dejustierung der optischen Komponenten führen könnten.

4.1.2   Optischer Aufbau

Als Kamera kommen ausschießlich auf CCD-Chip basierende Systeme in Frage. Systeme basierend auf Bildwandlerröhren werden aufgrund des großen Einbauvolumens und der aufwendigen Ansteuerung nicht betrachtet. CCD-Kamerasysteme können in zwei Hauptgruppen eingeteilt werden:

- Systeme mit TV-konformem Ausgangssignal

- Systeme mit anderen Ausgangssignalen

Die ursprünglich für den TV-Konsumbereich konzipierten CCD-Arrays werden zunehmend für industrielle Anwendungen eingesetzt. Vorteilhaft sind hier die breite Palette an verfügbaren Systemen, der hohe Entwicklungsstand aufgrund des großen Marktes sowie die Existenz zahlreicher standardisierter Komponenten für die Bildweiterverarbeitung. Dadurch lassen sich modulare Systeme kostengünstig und einfach aufbauen. Nachteilig ist dagegen die festgelegte Abtastfrequenz von 50 Hz sowie die im Videosignal enthaltenen Synchronisationssignale, die ausgeblendet werden müssen und bis zu 37% der gesamten Bildwiederholperiode beanspruchen *(Howah 1990)*.

Demgegenüber steht ein großes Angebot an speziellen Bildwandlerelementen, die sich oftmals individuell konfigurieren lassen. Sie sind in einer Vielzahl von Auflösungen erhältlich und erreichen deutlich höhere Abtastfrequenzen als TV-konforme Wandler. Nachteilig sind hier die individuell anzupassenden Komponenten für die Bilddatenaufbereitung sowie das begrenzte Angebot an Standardbaugruppen.

In Kap. 3.3.1.2 wurde die Anforderung nach einer Abtastfrequenz von 200 - 250 Hz abgeleitet. TV-konforme Kamerasysteme können diese Randbedingung wegen der fest eingestellten Bildwiederholrate von 50 Hz nur durch die Einführung zusätzlicher Maßnahmen wie beispielsweise das Mehrstreifenlichtschnittverfahren erfüllen *(Trunzer u. a. 1993a)*. Hier wird nicht nur ein Lichtschnitt auf das Werkstück projiziert, sondern mehrere gleichzeitig. Werden beispielsweise fünf Linien verwendet, kann näherungsweise eine "theoretische" Abtastfrequenz von 250 Hz erreicht werden.

Die Generierung dieser Lichtlinien läßt sich entweder durch ein entsprechendes Dia realisieren, welches in den Strahlengang eingebracht wird, oder durch computergenerierte holographisch-optische Elemente, die einen wesentlich höheren Wirkungsgrad besitzen und damit eine höhere Beleuchtungsintensität am Werkstück erreichen.

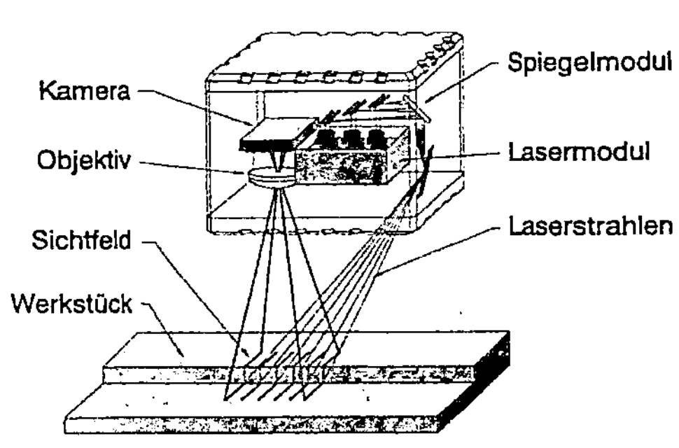

Abb. 4.2: *Erzeugung mehrerer Lichtschnitte durch eine Laserdiodenbank*

Eine weitere Möglichkeit zur Generierung mehrerer Lichtlinien besteht im Einsatz mehrerer Lichtquellen, die mittels Zylinderlinsen linienförmig aufgeweitet werden. Vorteil hierbei ist, daß die einzelnen Linien unabhängig voneinander angesteuert werden können und sich damit ein hoher Beleuchtungswirkungsgrad realisieren läßt. Nachteilig wirken sich jedoch der komplexe Aufbau des Sensorkopfes sowie die aufwendige Justierung aus *(CIS 1994)*. Abb. 4.2 zeigt den schematischen Aufbau eines derartigen Sensorkopfes.

Als Lichtquelle kommen aufgrund ihrer hohen Lichtleistung und guten Strahlqualität bei kleinen Abmessungen und einfacher Ansteuerbarkeit ausschließlich Laserdioden zum Einsatz. Eine weitere positive Eigenschaft von temperaturstabilisierten Laserdioden ist die Wellenlängenkonstanz sowie die enge Bandbreite des emittierten Lichts, was den Einsatz schmalbandiger Filter vor der Kamera ermöglicht. Vorteilhaft ist die Verwendung einer Laserdiode, die im sichtbaren Spektrum emittiert. Sie erleichtert die Justierung des Sensorkopfes und die Programmierung des Handhabungsgerätes.

Problematisch gestaltet sich die Einführung mehrerer Lichtschnitte eventuell bei der Bildverarbeitung. So kann es bei einer ungünstigen Wahl des Linienmusters zu Mehrdeutigkeiten bei der Auswertung kommen. Werden die Linien in einem konstanten Raster angeordnet, kann die relative Verschiebung der einzelnen Linienelemente nicht eindeutig zugeordnet werden (Abb. 4.3). Daher empfiehlt es sich, die Abstände der Linien zu variieren.

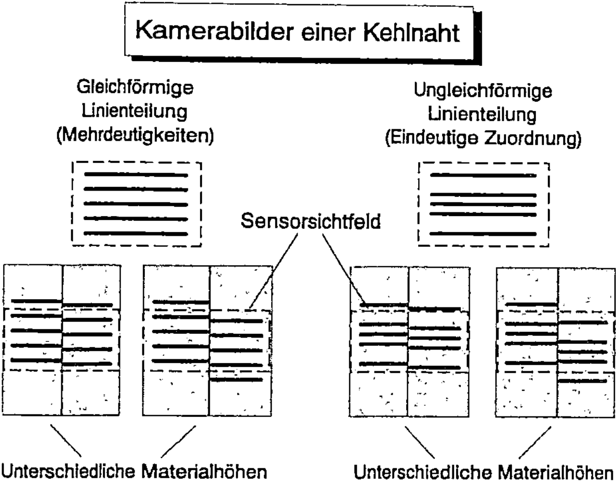

Abb. 4.3:   *Fehlinterpretation bei regelmäßigem Linienmuster*

Ein anderer Aspekt beim Mehrstreifenlichtschnittverfahren ergibt sich aus der Überlagerung der einzelnen Muster. Als Beispiel soll ein Muster, wie in Abb. 4.3 rechts dargestellt, untersucht werden. Aufgrund der Regelmäßigkeit kommt es bei bestimmten Geschwindigkeiten, mit denen das Muster bewegt wird, zu Moiré-Effekten, was in diesem Fall zu Informationsverlusten führt, da Punkte mehrfach gemessen werden und dadurch redundant sind. Zum einfacheren Verständnis dieses Phänomens soll folgendes Gedankenexperiment dienen. Bewegt man den Sensorkopf und somit das gewählte Linienmuster mit konstanter Geschwindigkeit über ein lichtempfindliches Papier und belichtet es mit dem Linienmuster bei einer Frequenz von 50 Hz, entstehen Überlagerungen, wie sie in Abb. 4.4 oben zu sehen sind. Diese Überlagerungen führen in Abhängigkeit von der gewählten Geschwindigkeit zu unterschiedlichen Linienabständen. Vermißt man für jede Geschwindigkeit die minimalen und die maximalen Linienabstände innerhalb des stationären Bereiches der Überlagerung und trägt diese Größen über der Geschwindigkeit auf, erhält man ein Diagramm, wie es in Abb. 4.4 unten zu sehen ist. Der Graph über der dunkleren grauen Fläche beschreibt den Verlauf der minimalen Linienabstände, der Graph über der hellgrauen Fläche entspricht den maximalen Linienabständen. Trägt man zusätzlich die Linienabstände eines Sensors mit nur einer Linie und einer Frequenz von 250 Hz in das Diagramm ein, erhält man eine Gerade, die gleichzeitig dem Optimum entspricht.

Betrachtet man den Verlauf der minimalen Linienabstände, erkennt man eine Vielzahl von Nullstellen. Jede Nullstelle beschreibt eine vollständige Linienüberdeckung, was eine Mehrfachmessung charakterisiert. Der Graph der maximalen Linienabstände

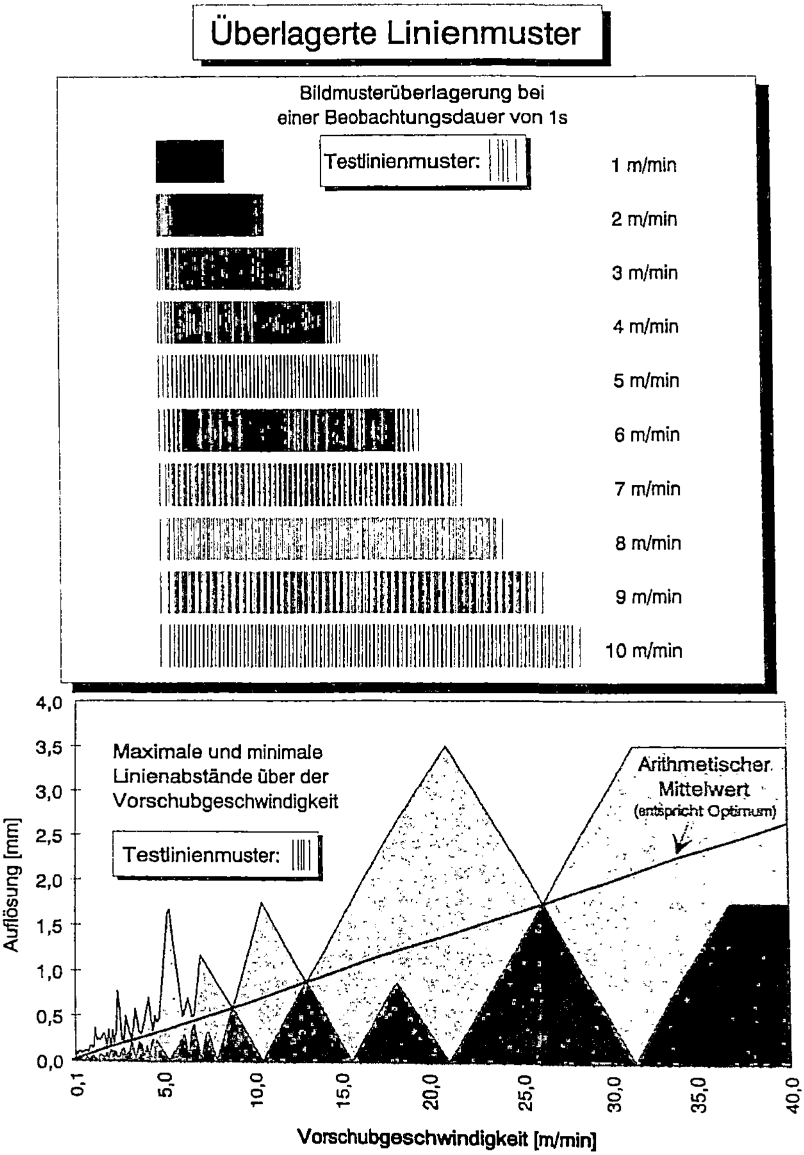

Abb. 4.4:   *Effekte durch das Überlagern von Linienmustern*

verläuft stets oberhalb der optimalen Geraden und besitzt ausgeprägte Spitzen. Diese Spitzen verschlechtern die Ortsauflösung des Sensors in Bahnrichtung, was beispielsweise bei einer Vorschubgeschwindigkeit von ca. 5 $^m/$ min deutlich zu erkennen ist. Zur Reduzierung dieser Spitzen schlechter Ortsauflösung wird im folgenden ein Weg zur Optimierung des Linienmusters vorgestellt. Hierfür wurden zwei Zielfunktionen eingeführt, die jeweils unabhängig voneinander durch ein Optimierungsverfahren minimiert wurden. In Abb. 4.5 ist der Algorithmus zur Berechnung der Zielfunktionen als Struktogramm dargestellt. Die Variablen a, b, c und B entsprechen den Linienabständen gemäß Abb. 4.6 und bilden somit die veränderlichen Parameter.

```
Ziel_Min_Max := 0
Ziel_Max      := 0
for v := 0.1 to v_max step 0.1
    inc := 3*B/v*(60/1000) * 50
    opt := v*(1000/60)/250
    for j := 0 to inc
        step := j*v*(1000/60)/50
        linie[5*j+1] := 0 + step
        linie[5*j+2] := a + step
        linie[5*j+3] := b + step
        linie[5*j+4] := c + step
        linie[5*j+5] := B + step
    linie := sortiere_aufsteigend(linie)
    start := inc*5/3
    ende := inc*5/3*2
    for j := start to ende
        abstand[j] := linie[j+1] - linie[j]
    min_wert := min(abstand)
    max_wert := max(abstand)
    Ziel_Min_Max := Ziel_Min_Max + max_wert - min_wert
    Ziel_Max      := Ziel_Max + max_wert - opt
```

Abb. 4.5: Struktogramm zur Berechnung der Zielfunktionen

Die erste Zielfunktion (*Ziel_Min_Max*) beschreibt das Integral über die Differenzen der maximalen und der minimalen Linienabstände, was anschaulich der hellgrauen Fläche in Abb. 4.4 unten entspricht (Min-Max-Optimierung), die zweite Zielfunktion (*Ziel_Max*) entspricht dem Integral über die Differenzen der maximalen Linienabstände zur optimalen Ortsauflösung, somit der Fläche über der Geraden in Abb. 4. 4 unten (Max-Optimierung). Je kleiner der Funktionswert der Zielfunktion ist, um so geringer ist die Abweichung gegenüber dem optimalen Verhalten eines Einliniensensors mit 250 Hz Abtastfrequenz.

Betrachtet man den Graphen der Ortsauflösung des Sensors in Bahnrichtung in Abb. 4.4 unten insbesondere im Bereich kleiner Vorschubgeschwindigkeiten genauer, erkennt man, daß dort chaotische Zustände auftreten. Dies läßt sich auf den Einsatz des Sortieralgorithmus zurückführen, einer hochgradig nichtlinearen Funktion. Die Ortsauflösung eines Linienmusters bildet jedoch die Basis der Zielfunktion, was zur Folge hat, daß diese nicht besonders glatt verläuft. Die Konsequenz ist, daß Standardoptimierungsverfahren oftmals nur ein lokales Optimum finden. Ein Verfahren, daß stets das globale Optimum liefert, ist die vollständige Enumeration. Es läßt sich jedoch nur dann anwenden, wenn die Variation der Eingangsparameter endlich ist, d.h. jeder mögliche Wert der Zielfunktion berechnet und mit allen anderen verglichen werden kann. Dies ist hier jedoch nicht der Fall, da die Linienabstände in beliebig kleinen Schritten variiert werden können. Da im hier vorliegenden Fall jedoch die Grenzen für die Linienvariation im Bereich weniger Millimeter liegt, läßt sich durch eine sinnvolle Diskretisierung des kontinuierlichen Optimierungsraumes dieses Verfahren auch für die hier vorliegende Problemstellung erfolgreich anwenden.

Ausgangspunkt der Optimierung bildet eine gleichförmige Linienmusterverteilung, wie sie in Abb. 4.6 dargestellt ist. Die schraffierte Fläche entspricht dem Funktionswert der zweiten Zielfunktion.

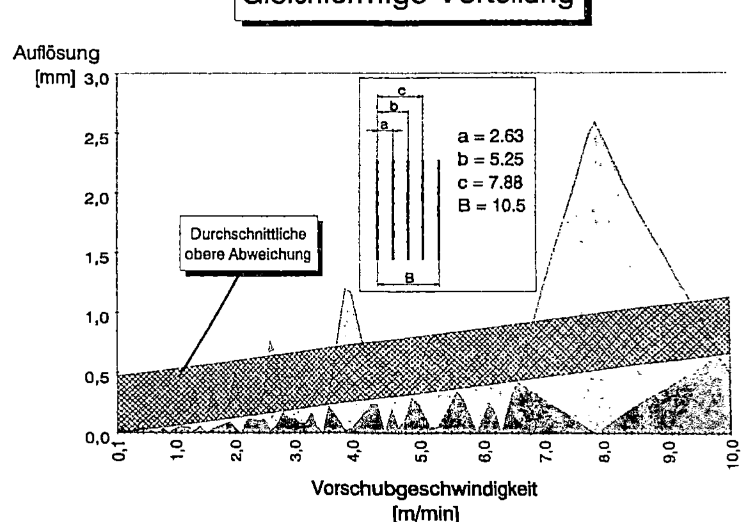

Abb. 4.6:   *Ausgangsbasis für die Linienmusteroptimierung*

In Abb. 4.7 ist die Zielfunktion, die von den drei Parametern a, b und c abhängt, als dreidimensionaler Schnitt durch die vierdimensionale Funktion dargestellt. Der Schnitt wurde bei bereits optimiertem ersten Linienabstand a gelegt und über der Variation der beiden anderen Linienabstände sowohl als 3D-Fläche als auch als Höhenliniendiagramm dargestellt. Hier wird auch ersichtlich, daß es sich um ein äußerst schwieriges Optimierungsproblem handelt, da es zahlreiche lokale Extremstellen aufweist. Die obere, stärker zerklüftete Fläche stellt die erste Zielfunktion dar, die untere glattere Fläche die zweite Zielfunktion.

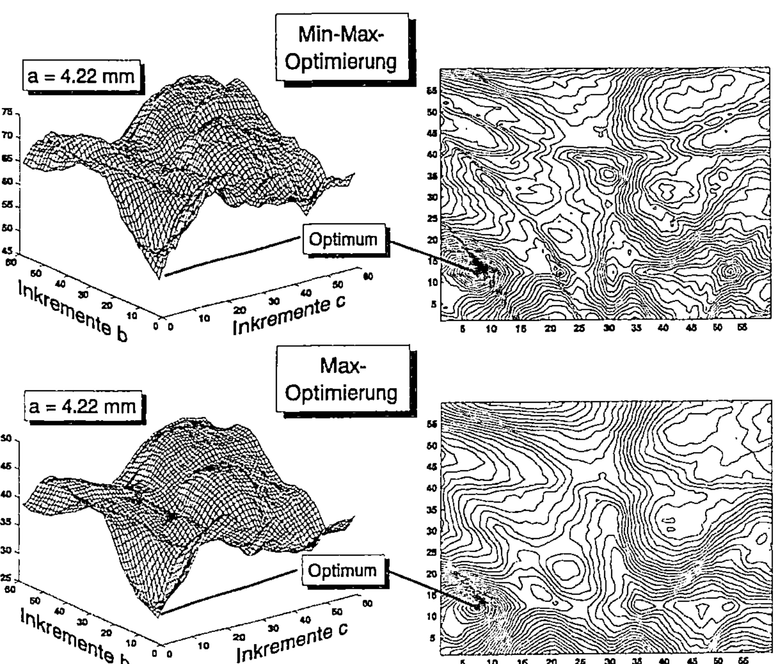

Abb. 4.7:   *Optimierung des Linienmusters für den Geschwindigkeitsbereich von 0 bis 10 m/min*

Die Optimierung hat gezeigt, daß entgegen der intuitiven Vermutung eine symmetrische Linienverteilung die besten Ergebnisse erbringt (Abb. 4.8). Interessanterweise besitzen beide Zielfunktionen ein gemeinsames globales Optimum, auch wenn sie durchaus unterschiedliche lokale Extrema aufweisen. Im hier vorliegenden Fall wurde der Geschwindigkeitsbereich von 0 bis 10 ᵐ/ min betrachtet und die Musterbreite mit 10.5 mm konstant gehalten. Vergrößert man den Geschwindigkeitsbereich, verbreitern sich auch die Linienabstände.

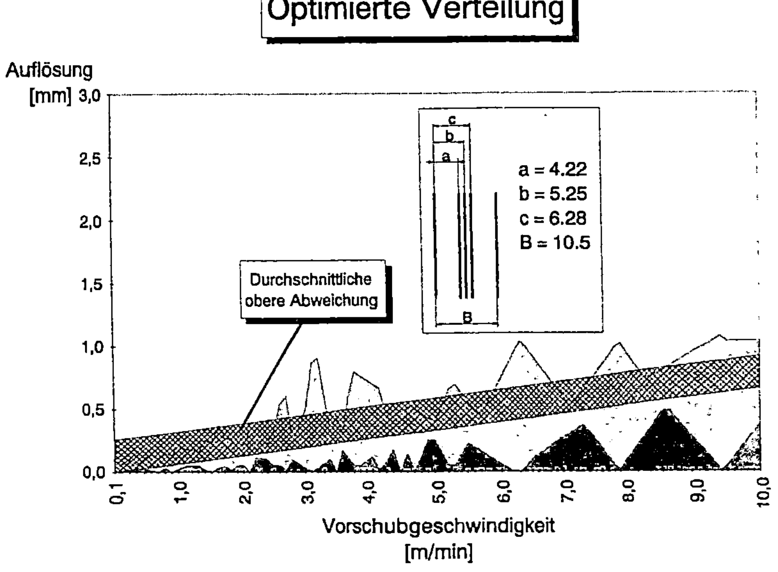

Abb. 4.8:   Ergebnis der Linienmusteroptimierung

Das wesentliche Ergebnis der Optimierung ist, daß durch die Einführung des Mehrstreifenlichtschnittverfahrens die konventionelle und weit verbreitete TV-Norm zur Bilddatenerfassung auch für Anwendungen eingesetzt werden kann, die theoretisch weit höhere Abtastraten als 50 Hz erforderlich machen, ohne dabei nennenswerte Abstriche bei der erzielbaren Ortsauflösung in Bahnrichtung machen zu müssen.

4.1.3   Informationstechnischer Aufbau

Neben den optischen und optoelektronischen Komponenten stellt ein Speicherbaustein für die Konfiguration des Sensorkopfes eine weitere wichtige Funktionseinheit dar. Er enthält insbesondere die geometrischen Informationen des Sensorkopfes. Sie bestehen aus Sichtfeldgeometriedaten und Kalibrierdaten. Da das Sensorsystem modular aufgebaut werden soll, können applikationsspezifisch unterschiedliche Sensorköpfe verwendet werden. Diese individuellen Geometriedaten sind in jedem Sensorkopf gespeichert, so daß der Sensorrechner diese auslesen und die empfangenen Bildinformationen korrekt weiterverarbeiten kann. Die einzelnen Sensorköpfe unterliegen jedoch auch fertigungstechnischen Toleranzen, welche durch eine Kalibrierung erfaßt und gespeichert werden können. Die gespeicherten sensorkopfspezifischen Daten ermöglichen so den schnellen Austausch einzelner Komponenten, eine wesentliche Voraussetzung für den Einsatz im industriellen Serienbetrieb, und erlauben darüber hinaus eine hohe Systemflexibilität.

4.2   Konzeption eines Sensorrechners

Die Aufgaben des Sensorrechners lassen sich in drei Funktionsbaugruppen untergliedern. Die komplexeste Funktionsbaugruppe ist die Verarbeitungseinheit für die Bildinformationen. Weitere Baugruppen sind die bidirektionale Schnittstelle zum Sensorkopf und weitere bidirektionale Schnittstellen zum Robotersystem sowie zu den Peripheriegeräten.

4.2.1   Schnittstelle zum Sensorkopf

Die Schnittstelle zum Sensorkopf muß als multifunktionale Schnittstelle ausgeführt werden. Sie enthält Energie-, Daten- und Videosignalleitungen. Die Energieleitungen versorgen die verschiedenen Subsysteme, die Datenleitungen erlauben den bidirektionalen Informationsaustausch, und die Videosignalleitungen übertragen die Bildinformationen zum Sensorrechner. Während des Standardbetriebs dient die Schnittstelle im wesentlichen zur Übertragung der Bildinformationen sowie zur Belichtungsregelung. Weiterhin können über sie die im Sensorkopf gespeicherten Informationen in den Sensorrechner übertragen werden. Dies muß bei jedem Neustart des Sensorrechners erfolgen, um die aktuelle Konfiguration zu erfassen.

Da der Sensorrechner die kostenintensivste Komponente des Sensorsystems darstellt, bietet es sich an, den Sensorrechner für den Anschluß mehrerer Sensorköpfe auszulegen. So können beispielsweise zwei oder mehr Bearbeitungsstationen mit jeweils einem Sensorkopf ausgerüstet sein, die wahlweise von einem Sensorrechner angesprochen werden. Dabei kann in einer Station eine sensorgestützte Bearbeitung stattfinden, während in der anderen ein Werkstückent- oder -beladevorgang durchgeführt wird. Ein anderer Anwendungsfall ist die Nutzung mehrerer Sensorköpfe an einem Robotersystem. Dies erweist sich dann als vorteilhaft, wenn die zu verfolgende Kontur eine Richtungsänderung von 90° oder mehr ausführt, was von einem einzelnen Lichtschnittsensor prinzipbedingt nicht erfaßt werden kann. Ein weiterer Anwendungsfall ist gegeben, wenn unterschiedliche Anforderungen an die Genauigkeit bzw. an die Sichtfeldgröße gestellt werden, wie bei einem vorlaufenden Konturfolgesystem und einem nachlaufenden Qualitätsprüfungssensor (Kap. 7.9).

4.2.2 Schnittstelle zum Handhabungssystem

Im Gegensatz zur Schnittstelle zum Sensorkopf, die vom Sensorhersteller definiert wird und daher für ein Sensorsystem stets gleich ist, ist für die Schnittstelle zum Handhabungsgerät für jede.Steuerung eine individuelle Anpassung erforderlich. Heutige Steuerungen besitzen keine genormten Schnittstellen zur schnellen Übertragung von Bewegungsinformationen. Oftmals müssen außerdem im Sensorrechner auch Baugruppen vorhanden sein, die die Steuerung von Peripheriegeräten übernehmen können, da die Schnittstellen zur Übertragung der Bewegungsdaten keine oder nur unzureichende Funktionalitäten oder Dienste zur Anlagenperipheriesteuerung bereitstellen. Eine ausführliche Behandlung der Schnittstellenproblematik erfolgt in Kap. 4.3.2.2.

4.2.3 Verarbeitungseinheit

Die Hauptaufgabe der Verarbeitungseinheit ist neben der Bedienung der oben beschriebenen Schnittstellen die Transformation von Bildinformationen in Bewegungsinformationen. Hierfür benötigt sie zwei Funktionseinheiten. Es sind dies zum einen die Bildverarbeitungseinheit, die ausgehend von den Videosignalen die Bildinformation zu Punktkoordinaten der vermessenen Kontur verdichtet, und zum anderen die Bahnplanungseinheit, die aus den Punktkoordinaten die Bewegungsinformation für das Handhabungsgerät errechnet und diese zeitrichtig an die Steuerung des Handhabungsgerätes überträgt.

Neben diesen grundlegenden Funktionseinheiten zur Echtzeitdatenverarbeitung müssen in der Verarbeitungseinheit Möglichkeiten zur Konfiguration und Programmierung des Systems implementiert sein. Sie lassen sich entsprechend ihrer Aufgabe vier Funktionsblöcken zuordnen. Es sind dies

- die globale Systemkonfiguration,

- die Kalibrierung,

- die Konturtypbeschreibung,

- die Bewegungsprogrammierung.

Erst diese Mensch-Maschine-Schnittstelle erlaubt die individuelle Anpassung an unterschiedliche Aufgaben und garantiert den flexiblen Einsatz des Sensorsystems.

Eine Menüführung vereinfacht die Handhabung des Systems, eine anschließende Plausibilitätskontrolle schützt das System vor fehlerhaften Eingaben.

4.2.3.1 Globale Systemkonfiguration

Hauptaufgabe der Systemkonfiguration ist die Abbildung aller zum Sensorsystem gehörenden Daten und Randbedingungen, die von globalem Charakter sind. In ihr wird auch der Ausgangszustand des Systems beschrieben, wie er beispielsweise nach einem Neustart oder Notstop-Wiederanlauf vorliegen muß. Ein typisches Beispiel globaler Einstellungen ist die Schnittstellenkonfiguration zum Handhabungssystem. Sie legt die ausgewählte Schnittstelle und die Art der Datenübertragung für die aktuelle Konfiguration fest. Darüber hinaus muß aufgrund der zunehmenden Internationalisierung der Märkte *(Milberg u. a. 1994a)* bei modernen menügeführten Geräten auf Mehrsprachigkeit geachtet werden. Da die Sprache für ein System von globalem Charakter ist, erfolgt die Einstellung der gewünschten Sprache in der Systemkonfiguration. Allen hier genannten Beispielen gemeinsam ist die üblicherweise einmalige Einstellung der Parameter bei der Inbetriebnahme einer Anlage. Die Systemkonfiguration sollte daher aus Sicherheitsgründen während des Serieneinsatzes nicht frei zugänglich sein.

4.2.3.2 Kalibrierung

Die Notwendigkeit einer kamerainternen Kalibrierung wurde bereits in Kap. 4.1 beschrieben. Neben der Erfassung dieser sensorkopfspezifischen Parameter ist die Lage des Sensorkopfes relativ zum Handhabungsgerät von entscheidender Bedeutung für die Funktionsweise. Diese Vermessung der Position kann für Systeme zur Verfolgung ebener Konturen noch manuell durchgeführt werden, für dreidimensionale Konturverläufe muß sie automatisiert mit Hilfe der Sensormeßfunktionen erfolgen. Die Genauigkeit, mit der die Kalibrierung durchgeführt wird, ist ausschlaggebend für die Güte der anschließenden Konturverfolgung. In Kap. 5.2.2 wird daher ausführlich auf die Problemstellung der externen Sensorkalibrierung und der geometrischen Zusammenhänge eingegangen.

4.2.3.3 Konturtypbeschreibung

Bei der Erkennung des zu verfolgenden Konturtyps können prinzipiell zwei Wege beschritten werden:

- Lernen des Konturtyps

- parametrisierte Musterbeschreibung

Beim Lernen des Konturtyps wird der Sensorkopf auf ein Musterbauteil ausgerichtet. Das vom Sensor erfaßte Bild wird hinsichtlich markanter Merkmale analysiert und für die spätere Bildverarbeitung am realen Werkstück gespeichert. Mit Hilfe einer Korrelationsanalyse kann dann die Lage des Musters in einem realen Meßbild schnell bestimmt werden, vorausgesetzt, die Orientierung und die Größe des Musters ändern sich nur wenig. Sollen auch größere Drehlagenabweichungen erkannt werden, muß dies durch andere Algorithmen berücksichtigt werden, die allerdings höhere Rechenleistungen erfordern. Ein wesentlicher Vorteil ist die einfache Programmierung durch selbständiges Lernen, indem der Anwender lediglich den Bereich des gewünschten Konturtyps markiert.

Nachteilig auf die Detektionssicherheit wirken sich hingegen Änderungen der Umgebungsverhältnisse aus. Verändern sich die Intensitätsverhältnisse im Bild, wie dies beispielsweise während des Schweißvorganges durch das fluktuierende Plasma geschieht, wird eine sichere Mustererkennung erschwert oder unmöglich.

Der in der Bildverarbeitung weit verbreiteten Analyse mittels Lernen eines Musters und anschließender Korrelation steht die parametrisierte Musterbeschreibung gegenüber. Hier wird das Muster mittels verschiedener parametrisierter Konturgrundtypen programmiert (Abb. 4.9).

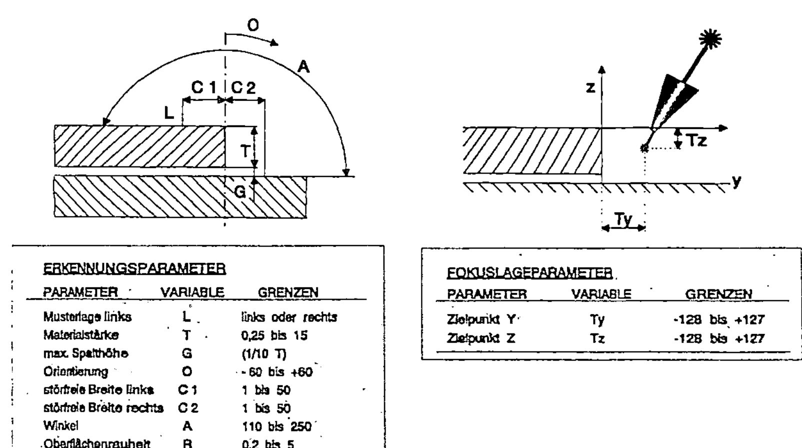

ERKENNUNGSPARAMETER

PARAMETER	VARIABLE	GRENZEN
Musterlage links	L	links oder rechts
Materialstärke	T	0,25 bis 15
max. Spalthöhe	G	(1/10 T)
Orientierung	O	-60 bis +60
störfreie Breite links	C 1	1 bis 50
störfreie Breite rechts	C 2	1 bis 50
Winkel	A	110 bis 250
Oberflächenrauheit	R	0,2 bis 5

FOKUSLAGEPARAMETER

PARAMETER	VARIABLE	GRENZEN
Zielpunkt Y	Ty	-128 bis +127
Zielpunkt Z	Tz	-128 bis +127

Abb. 4.9:   *Nahtbeschreibung über Parameter am Beispiel einer Kehlnaht*

Die Bildauswertung durchläuft üblicherweise zwei Stufen. In der Bildvorverarbeitung wird aus dem Grauwertbild durch Differentiation ein Linienbild erzeugt. Die Linien beschreiben die Grenze zwischen dem Beleuchtungsmuster und dem unbeleuchteten Werkstück. Die Transformation des Grauwertbildes zu Linieninformationen führt gleichzeitig zu einer erheblichen Reduktion der Bilddaten. Die so erhaltenen Koordinaten der erkannten Begrenzungslinien werden anschließend an die Bildhauptverarbeitung übergeben. Diese vergleicht die errechneten Muster mit den programmierten Daten. Bei einer Übereinstimmung lassen sich daraus die Koordinaten der gesuchten Kontur errechnen. Das Verfahren der parametrisierten Musterbeschreibung erlaubt so eine sehr hohe Meßgenauigkeit bei gleichzeitig geringer Störempfindlichkeit, läßt sich jedoch für Echtzeitanwendungen nur mit hohen Rechenleistungen bei der Bildverarbeitung realisieren. Dafür müssen insbesondere für die Bildvorverarbeitung Kombinationen aus festverdrahteter Logik und leistungsstarken Netzwerken aus Signalprozessoren eingesetzt werden.

Um die Vorteile der einfachen Programmierung des lernenden Verfahrens mit denen des parametrisierten zu verbinden, bietet sich die Realisierung einer selbstlernenden Konturtyperkennung an, die nach der Identifikation des Konturtyps die Werte der beschreibenden Parameter aus dem Bild extrahiert und in der Konturtypbeschreibung speichert. Der Anwender kann diese automatisch generierte Beschreibung anschließend um erlaubte Toleranzen vervollständigen. Sie erhöhen die Zuverlässigkeit der Bilderkennung unter dem Einfluß fertigungstechnischer Toleranzen, wie beispielsweise dem Luftspalt, und dienen gleichzeitig zur eindeutigen Erkennung von Toleranzüberschreitungen.

4.2.3.4   Bewegungsprogrammierung

Die Bewegungsprogrammierung dient als zentrale Instanz zur Koordinierung der sensorinternen und -externen Abläufe. Sie bedient sich hierfür einer an die Sensorproblematik angepaßten Programmiersprache, die sich aus anwendungstechnischen Gründen stark an moderne Roboterhochsprachen anlehnen sollte.

Ein typischer Bearbeitungsfall läßt sich in drei Aufgabenkomplexe einteilen. Diese sind (Abb. 4.10):

- Konturanfangssuche

- Konturverfolgung

- Konturendeerkennung

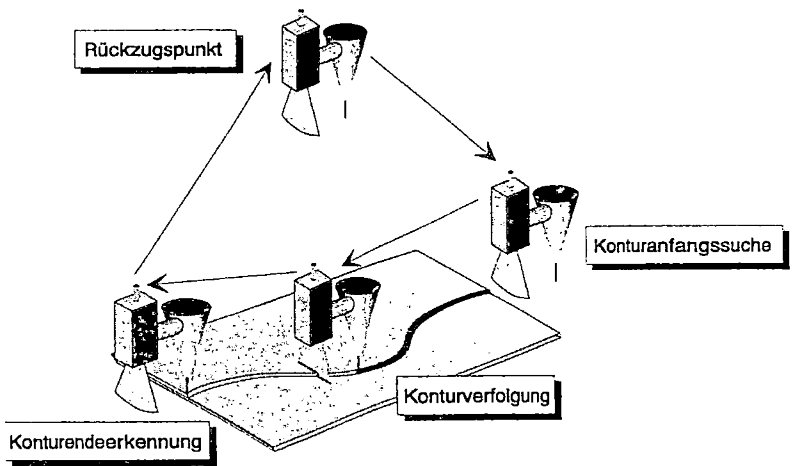

Abb. 4.10: Bewegungsablauf bei der Konturverfolgung

Da die Konturanfangssuche stets den Beginn einer sensorgeführten Bahnbearbeitung kennzeichnet, bietet es sich an, die aktuelle Konfigurierung des Sensorsystems für die jeweilige Aufgabenstellung in diesen Aufgabenkomplex zu integrieren. In ihr wird die Suchgeschwindigkeit definiert, die für den Anwendungsfall benötigte Konturbeschreibung aktiviert und das Verhalten des Systems festgelegt, falls keine Kontur innerhalb einer frei definierbaren Suchstrecke gefunden werden kann. Darüber hinaus müssen Sicherheitsstrategien vorhanden sein, welche die eindeutige Zugehörigkeit des Robotersteuerungsprogramms zum Sensorprogramm überprüfen, da das Sensorprogramm vom Steuerungsrechner des Handhabungsgerätes aktiviert wird und es bei unsachgemäßer Programmierung zu Fehlern kommen kann, die Anlage und Bauteil zerstören können. Eine einfache Maßnahme hierfür ist die Abfrage der aktuellen Stellung des Handhabungsgerätes und die Überprüfung mit einer im Sensorrechner gespeicherten Position.

Wird die Kontur vom Sensor erfaßt, steuert dieser das nachfolgende Werkzeug zum erkannten Beginn und übergibt die Kontrolle an die Konturverfolgung. Der Übergang sollte möglichst kontinuierlich erfolgen, indem das Werkzeug den Konturanfang mit konstanter Geschwindigkeit überfährt und den Bearbeitungsprozeß zeitrichtig aktiviert. Manche Bearbeitungsprozesse erlauben den Ablauf in dieser Form nicht, da sich der Prozeß nicht schnell genug aktivieren läßt, wie beispielsweise beim Dichtungsmittelauftrag. Hier ist ein Bewegungshalt zumeist unumgänglich. In manchen Fällen existiert jedoch eine Alternative, indem der Bearbeitungsprozeß vorzeitig aktiviert wird, so daß bei Erreichen der Startposition der Prozeß ebenfalls startet und somit kein Bewegungshalt erforderlich ist.

Während der eigentlichen Konturverfolgung muß die Programmierschnittstelle die Beeinflussung der Bearbeitungsparameter und der Bewegungsparameter erlauben. Eine Variation der Bearbeitungsparameter während der Bearbeitung erlaubt eine adaptive Prozeßführung, indem vom Sensor ermittelte charakteristische Größen wie die Querschnittsfläche der Kontur zur Steuerung prozeßbeeinflussender Parameter wie Vorschubgeschwindigkeit, Prozeßleistung oder Materialeintrag herangezogen werden und so die Bearbeitung im erlaubten Prozeßfenster halten *(Pischetsrieder & Trunzer 1995)*.

Die Bewegungsparameter bestimmen das Bewegungsverhalten des Handhabungsgerätes. Sie sind maßgeblich für die Bearbeitungsqualität verantwortlich und müssen daher einstellbar und optimierbar sein. Prinzipbedingt ist jeder Meßvorgang von Störeinflüssen überlagert, die sich als Rauschen äußern. Im Fall der hier konzipierten Sensorik sollen die translatorischen Koordinaten mit einer Genauigkeit von 0.1 mm, die rotatorischen mit 1° erfaßt werden. Werden die Meßwerte ohne weitere Verarbeitung an die Handhabungseinheit übertragen, würde dies zu einem unruhigen Bewegungsverhalten führen. Insbesondere die Meßwerte der rotatorischen Freiheitsgrade sind prinzipbedingt von einem Rauschen hoher Amplitude überlagert, was zu unnötig großen Ausgleichsbewegungen der Mechanik des Handhabungssystems führen würde. Da die meisten Bearbeitungsprozesse Orientierungsabweichungen von 2° und mehr erlauben, kann hier ein Filter zur Rauschunterdrückung problemlos eingesetzt werden. Hierfür bieten sich Tiefpaßfilter an, die jedoch zu einer Phasenverschiebung des Signals führen, was bei der zeitrichtigen Übergabe an die Steuerung berücksichtigt werden muß.

Wird das Bearbeitungsende festgestellt, das meist durch das Ende der Kontur definiert ist, aber auch durch Lauflängen oder Laufzeiten determiniert sein kann, erfolgt der Übergang von der Konturverfolgung zur Konturendeerkennung. Sie führt das Bearbeitungswerkzeug zum spezifizierten Bearbeitungsende, signalisiert der Steuerung des Handhabungsgerätes das Ende der Bearbeitung und schaltet gegebenenfalls vom Sensor angesteuerte Peripheriegeräte. Anschließend wird die Kommunikation mit der Robotersteuerung beendet, die daraufhin in ihren normalen Betriebszustand übergeht und die Bearbeitungseinheit zur nächsten zu bearbeitenden Kontur führt oder zum Rückzugspunkt bewegt und auf die Beschickung der Anlage mit neuen Werkstücken wartet, um den Zyklus erneut zu starten.

4.3 Konzepte zur Sensorintegration

Neben der Konzeption des Sensorsystems mit seinen Hauptkomponenten Sensorkopf und Sensorrechner kommt der Integration dieses Systems in eine Produktionszelle eine zentrale Bedeutung zu. Sie verbindet die wesentlichen Subsysteme Werkzeug, Robotersystem und Sensorsystem. Nur die optimale Integration der drei Kernkomponenten führt zu einem harmonischen Zusammenspiel, das den Anforderungen hinsichtlich Geschwindigkeit, Genauigkeit, Prozeßsicherheit, Flexibilität und Verfügbarkeit gerecht wird und somit die maximale Leistungsfähigkeit des Gesamtsystems sichert. Hierfür soll die Integrationsproblematik in die drei Teilbereiche Mechanik, Informationstechnik und Werkzeug bzw. Prozeßtechnik gegliedert werden.

4.3.1 Mechanische Integration

Aufgabe der mechanischen Integration ist die physikalische Verbindung zwischen Werkzeug und Sensorkopf (Kap. 3.2). Da der Sensor nicht direkt an der Wirkstelle des Prozesses messen kann (Kap. 3.4), muß der Sensorkopf vorlaufend angebracht werden. Dies hat unter anderem zur Folge, daß während der Konturverfolgung dafür gesorgt werden muß, daß die Kontur stets im Fangbereich des Sensors verläuft. Ein weiterer Aspekt ist die Werkzeugführung. Sie bestimmt maßgeblich die Bearbeitungsqualität. Somit ergeben sich je nach Aufgabenstellung unterschiedliche Lösungsansätze.

4.3.1.1 Anzahl der erforderlichen Freiheitsgrade

Für die Positionierung und Orientierung eines Körpers im Raum sind sechs Freiheitsgrade erforderlich. Somit benötigt ein allgemeines Werkzeug bereits alle Freiheitsgrade eines Standardroboters. Für die freie Positionierung des Sensorkopfes werden weitere fünf Freiheitsgrade benötigt, drei rotatorische und zwei translatorische. Der dritte translatorische Freiheitsgrad würde eine Variation des Vorlaufs erlauben, was während der Bahnverfolgung jedoch nicht erforderlich ist. Ein hochflexibles System zur Konturverfolgung für allgemeine Bearbeitungsaufgaben würde somit 11 Freiheitsgrade benötigen. Es ließe sich jedoch nicht industriell umsetzen, da die Freiheitsgrade für den Sensorkopf auf kleinstem Raum untergebracht werden müßten, um eine hohe Zugänglichkeit des Werkzeugs zum Werkstück aufrechterhalten zu können. Neben dem hohen steuerungstechnischen Aufwand würde solch ein System eine Vielzahl von Ungenauigkeitsfaktoren einbringen, so daß das Anforderungsprofil nur schwer zu erfüllen wäre.

Analysiert man Konturverläufe an realen Bauteilen, stellt man fest, daß sich durch eine optimierte Plazierung von Sensor, Werkzeug und Werkstück sowie eine geeignete Bearbeitungsstrategie nahezu alle relevanten Bearbeitungsaufgaben mit wesentlich weniger Freiheitsgraden für den Sensorkopf lösen lassen (Abb. 4.11). In vielen Fällen genügt es bereits, lediglich einen rotatorischen Freiheitsgrad für die Sensorsichtfeldnachführung vorzusehen.

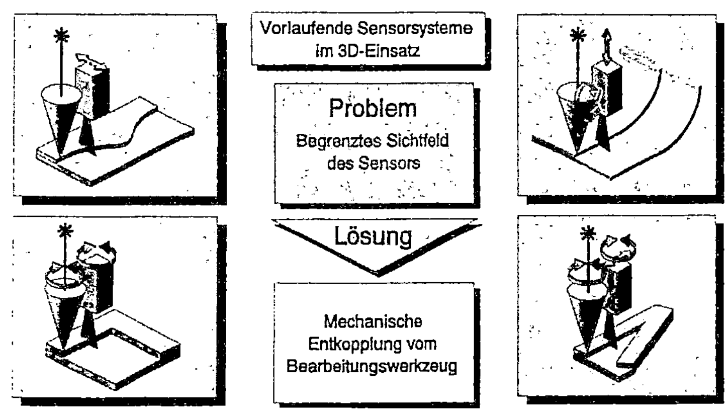

Abb. 4.11: Erforderliche Freiheitsgrade in Abhängigkeit von der Bauteilkontur

4.3.1.2   Schnelle Zusatzachsen für den Sensorkopf

Eine verbreitete Strategie zur Positionierung des Sensorsichtfeldes ist die Integration einer Zusatzachse, die das Sensorsichtfeld um eine ausgezeichnete Werkzeugachse, beispielsweise die Schweißbrennerachse, dreht *(RTR Rheinmetall TZN Robot Vision)*. Diese Zusatzachse wird dabei vom Sensorsystem selbst gesteuert und dann aktiviert, wenn sich die Kontur zum Rand des Sichtbereichs hin bewegt. Abb. 4.12 zeigt ein derartiges Schweißnahtfolgesystem, das den Schweißbrenner umschließt und gleichzeitig sehr kompakt baut, was eine hohe Zugänglichkeit erlaubt. Vorteil einer solchen Lösung ist die hohe Dynamik der Zusatzachse, da sie nur kleine Massen bewegen muß und von der Steuerung des Roboters unabhängig betrieben werden kann. Es ist auch möglich, diese Achse als Zusatzachse durch die Robotersteuerung anzusprechen, was aufgrund der größeren Totzeiten jedoch zu Dynamikverlusten führt.

Abb. 4.12: Beispiel für einen im Werkzeug integrierten vorlaufenden Sensor mit Zusatzachse (RTR Rheinmetall TZN Robot Vision)

4.3.1.3 Nutzung redundanter Freiheitsgrade

Bei der überwiegenden Anzahl von Anwendungen für die Konturfolgesensorik ist das Werkzeug rotationssymmetrisch aufgebaut. Beispiele hierfür sind der Laserstrahl zum Schweißen oder die Düse für den Kleber- bzw. Dichtungsmittelauftrag. Werden zur Handhabung dieser Werkzeuge jedoch sechsachsige Standardgeräte genutzt, ergibt sich ein redundantes kinematisches System, da die Drehung um die Werkzeugachse keine Auswirkung auf den Bearbeitungsprozeß hat. Je nach Montage des Werkzeugs an die Roboterhand wird entweder direkt eine Roboterachse oder im allgemeinen Fall eine mathematisch definierte Drehachse zur Sensorpositionierung herangezogen. Durch die sinnvolle Einbeziehung des redundanten Freiheitsgrades in die Sensorbahnplanung kann daher das gleiche Bauteilspektrum bearbeitet werden wie bei Lösungen mit Zusatzachse (Abb. 4.13). Von Vorteil ist die hohe Zugäng-

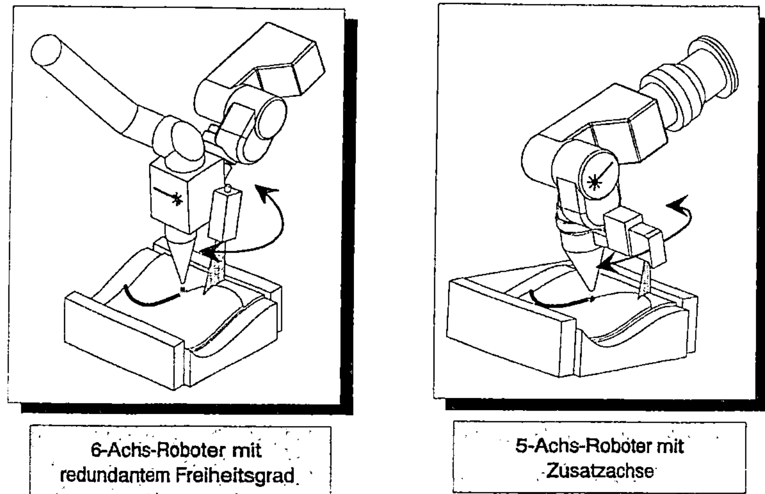

Abb. 4.13: Nutzung rotatorischer Freiheitsgrade für die Sensorsichtfeldpositionierung

lichkeit, da keine weiteren mechanischen Bauteile erforderlich sind. Zudem bauen Werkzeuge ohne Zusatzachse deutlich leichter. Darüber hinaus ist die vollständige Integration in die Robotersteuerung von Vorteil. Nachteilig hingegen wirken sich die üblicherweise schlechteren dynamischen Eigenschaften aus *(Trunzer u.a. 1993b)*. Die schlechte Dynamik liegt darin begründet, daß ihre Antriebe für große Handhabungslasten ausgelegt sind und daher nicht die Beschleunigungswerte erreichen können, die Zusatzachsen liefern, welche speziell für die Sensorkopfbewegung mit ihren geringen Massen konzipiert wurden.

4.3.1.4   Erweiterung des Sensorsichtfeldes

Ein Umgehen der Problematik zur Sichtfeldpositionierung läßt sich dann erreichen, wenn das Sichtfeld des Sensors das Bearbeitungswerkzeug konzentrisch umschließt. Die zu verfolgende Kontur befindet sich dann stets im Sichtfeld, eine mechanische Nachführung ist in diesem Fall nicht erforderlich. Dieser Sensor kann dabei gleichzeitig Bahnführungsaufgaben mit anschließender Qualitätskontrolle durchführen *(Kuhnert 1993)*. Bislang ist es jedoch noch nicht gelungen, einen derartigen Sensor bis zur Marktreife zu entwickeln. Insbesondere die Anordnung der optischen Komponenten zur Erzeugung und Erfassung des konzentrischen Sichtfeldes bereiten große Schwierigkeiten.

4.3.1.5 Schnelle Zusatzachsen für das Werkzeug

Ein einfacher Weg der Sensorintegration in bestehende Anlagen ist oftmals die Einführung schneller Zusatzachsensysteme für das Werkzeug. Diese können unmittelbar vom Sensor angesteuert werden, ohne in die Steuerung des Handhabungsgerätes und insbesondere in dessen Bahnplanung einzugreifen. Ein weit verbreitetes Beispiel hierfür ist die Abstandssensorik mit integrierter Zusatzachse für das Laserschneiden *(Trunzer u. a. 1991)*. Die Adaption an die Aufgaben der Konturfolgesensorik ist jedoch nur bei einfachen Applikationen möglich, da es sich aufgrund des vorlaufenden Sensors auch hier um ein steuerndes System handelt. Im Gegensatz zu einem regelnden System muß daher die Führungsbewegung des Roboters genau bekannt sein, da sich bereits kleine Abweichungen des Handhabungsgerätes unmittelbar durch die mechanische Kopplung auf die Positionierung des Arbeitspunktes auswirken. Vorteilhaft bei dieser Realisierung ist die weitgehende Unabhängigkeit von Hard- und Software des Handhabungsgerätes, da der Sensor mit Zusatzachsensystem ein nahezu autonomes Subsystem darstellt *(Falldorf 1995)*.

4.3.2 Informationstechnische Integration

Die Integration einzelner Rechnersysteme zu einem Gesamtsystem bereitet vor allem bei heterogenen Komponenten nach wie vor große Schwierigkeiten *(Schäffer 1991, S. 13-14)*. Dieses Problem tritt insbesondere in der rechnerintegrierten Produktion verstärkt auf, da eine Vielzahl von Bemühungen zur Vereinheitlichung von Steuerungen im allgemeinen nicht von den Steuerungsherstellern mitgetragen wurden. Das Ergebnis ist eine große Zahl von Firmenstandards, die untereinander weitgehend inkompatibel sind. In neuerer Zeit wird jedoch der Nachteil dieser Entwicklung erkannt, und es werden intensive Anstrengungen unternommen, gemeinsame Standards zu definieren. Dies betrifft insbesondere den Bereich der Schnittstellen, die das Fundament für eine Integration in ein Gesamtkonzept darstellen.

Neben der reinen Schnittstellenproblematik stellt sich bei der Sensorintegration grundsätzlich die Frage nach der geeigneten Eingriffsebene (siehe Abb. 3.10). Speziell für moderne Konturfolgesysteme mit hohen Abtastraten fehlen geeignete schnelle Eingriffsebenen, da Steuerungen, nicht zuletzt aus Sicherheitsgründen, immer stärker gegen Eingriffe von außen abgeschirmt sind, je weiter man sich dem Lageregelkreistakt, der Ebene mit den besten dynamischen Eigenschaften, nähert.

4.3.2.1 Integrationsstrategien

Bei der Integration von Sensorsystemen, die in die Bahnplanung eines Handhabungssystems eingreifen, stehen in erster Linie die von der Steuerung angebotene Funktionalität, die Übertragungsgeschwindigkeit und die Verarbeitungszeiten im Vordergrund.

Bei einer Analyse heutiger Steuerungen hinsichtlich Funktionalitäten zur Sensorintegration reicht das Spektrum vom vollkommenen Nichtvorhandensein über die mögliche Variation einzelner Bewegungsgrößen wie Geschwindigkeit oder Korrekturen der programmierten Bahn in Abhängigkeit vom Sensorsignal bis hin zur vollen Bewegungskontrolle des Roboters. Die angebotenen Sensorschnittstellen hierfür beginnen bei einfachen binären und analogen Eingängen und führen über serielle Schnittstellen bis hin zu schnellen parallelen Rechnerbuskopplungen. Neueste Robotersteuerungen bieten im Hinblick auf die allgemeinen Standardisierungsbestrebungen auch Kopplungen über Feldbussysteme an, die in Kap. 4.3.2.2 ausführlich behandelt werden.

In Abhängigkeit von den Funktionalitäten der Zielsteuerung müssen die Sensordaten im Sensorrechner aufbereitet werden. Besonders entscheidend ist hierbei die Art, wie die Sensordaten in die Bahnplanung eingeschleust werden.

Von praktischer Bedeutung für die On-Line Korrektur (Kap. 3.3.2.2) sind zwei Eingriffsmöglichkeiten.

Im Interpolationstakt (IPO-Takt) wird die Bahn kartesisch geplant und zwischen den Stützpunkten linear interpoliert. Im unterlagerten Feininterpolationstakt (FIPO-Takt) wird die Transformation in den Gelenkwinkelraum (Rücktransformation) durchgeführt und die Zwischenpunkte linear im Achswinkelraum interpoliert, was aufgrund der sehr kurzen Feininterpolationstakte jedoch nahezu keine Abweichungen von der Sollbahnvorgabe verursacht. Heutige Industrierobotersteuerungen arbeiten mit IPO-Taktzeiten von 5 bis 60 ms. Ein Eingriff in die Bewegungsplanung über die IPO-Taktebene zur Bahnkorrektur eignet sich daher aufgrund der teilweise langen Updatezeiten der Korrekturwerte nur für sehr schnellen Steuerungen, um befriedigende Ergebnisse zu erreichen (siehe Kap. 3.3.1.2). Die meisten bislang eingesetzten Verfahren zur Konturverfolgung arbeiten im IPO-Takt, da Steuerungen in der Regel Eingriffe in die Bahnplanung nur in dieser Ebene zulassen.

Innerhalb eines IPO-Taktes werden üblicherweise 4 - 8 FIPO-Takte abgearbeitet. Daher stellt die FIPO-Taktebene eine zeitlich an die Sensorabtastfrequenz gut angepaßte Eingriffsebene mit derzeitigen Taktzeiten von 0.5 bis 8 ms dar. Voraussetzung zur Nutzung dieser Eingriffsmöglichkeit ist das Vorhandensein einer geeigneten echtzeitfähigen Schnittstelle. Als problematisch erweist sich jedoch häufig die für die Sensorbahnplanung erforderliche Transformation von kartesischen Koordinaten in Gelenkwinkelkoordinaten. Diese ist softwaretechnisch aufwendig und muß für jede Roboterkinematik individuell angepaßt und implementiert werden. Der Eingriff in die FIPO-Taktebene bietet jedoch die Vorteile der vollen Bewegungskontrolle, der höchsten Dynamik und der kürzesten Totzeiten.

In engem Zusammenhang mit der Eingriffsstelle steht auch die Verteilung der Aufgabenbereiche für die Bewegungsplanung zwischen Sensorrechner und Robotersteuerung. Anzustreben ist eine Bahnplanung in der Robotersteuerung, die vom Sensorsystem mit geeignet aufbereiteten Meßwerten versorgt wird. Dieses Konzept ist jedoch nur bei wenigen Robotersteuerungen auf die Verarbeitung hoher Sensorabtastfrequenzen ausgelegt, so daß in vielen Fällen die Bahnplanung im Sensorsystem durchgeführt werden muß, um die gewünschten dynamischen Eigenschaften zu erhalten (Abb. 4.14).

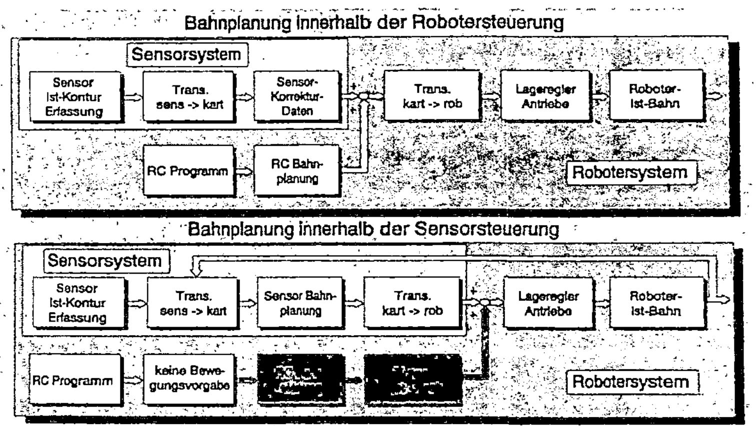

Abb. 4.14: Unterschiedliche Verteilung der Bahnplanungsaufgaben

Neben den Anforderungen der Sensorintegration auf Hardwareebene stellt sich auch die Frage nach der steuerungstechnischen Integration, d.h. der Gestaltung der Bedienerschnittstelle zur Gesamtanlagenprogrammierung. Sie sollte einfach aufgebaut und schnell erlernbar sein, gleichzeitig aber auch eine hohe Funktionalität besitzen. Anzustreben ist eine gemeinsame Programmierung von Handhabungsgerät und Sensorik in einem System. Voraussetzung hierfür ist die volle Integration des Sensorsystems in die Steuerung. Die derzeit am weitesten verbreitete Lösung ist jedoch die verteilte Programmierung von Robotersteuerung und Sensorrechner.

4.3.2.2 Schnittstellenproblematik

Neben Schnittstellen zu übergeordneten Hierarchieebenen wie Zellenrechner oder Leitrechner *(Eder u. a. 1991, S. 15-24)* interessieren im Rahmen der Sensorintegration in erster Linie schnelle, zyklisch arbeitende, echtzeitfähige Schnittstellen mit hohen Datenübertragungsraten.

Bislang konnte sich jedoch insbesondere für den schnellen, echtzeitfähigen Datenaustausch von Bewegungsinformationen kein Standard etablieren. Daher muß das Sensorsystem in der Lage sein, über eine angepaßte Schnittstelle mit dem jeweiligen Handhabungsgerät zu kommunizieren. Hierfür ist eine offene Gestaltung des Sensorrechners Voraussetzung.

In der Praxis konnten sich bislang zwei Konzepte durchsetzen, die diesen Anforderungen gerecht werden: Feldbussysteme und Rechnerbuskopplungen. Da sich die beiden Konzepte in ihrer Funktionalität und Realisierung stark unterscheiden, sollen sie anschließend hinsichtlich ihrer Stärken und Schwächen analysiert werden.

Das Haupteinsatzgebiet von Feldbussen ist die Vernetzung unterschiedlicher Systemkomponenten über ein gemeinsames Bussystem über Entfernungen von mehreren hundert Metern hinweg. Hauptaufgabe eines Bussystems auf Feldebene ist in erster Linie die schnelle, sich periodisch wiederholende Übertragung von Nachrichten, wie beispielsweise Positionswerten. Neben diesen zyklischen Prozeßdaten ist aber auch die Übertragung azyklischer Befehlsdaten möglich, beispielsweise zur Initialisierung von Geräten. Da Feldbusse im prozeßnahen Umfeld eingesetzt werden, ist eine hohe Störunempfindlichkeit insbesondere gegenüber elektromagnetischen Einflüssen eine grundsätzliche Voraussetzung für einen sicheren Betrieb.

Die wesentlichen Auswahlkriterien zur Ermittlung eines geeigneten Feldbusses für die Integration von Konturfolgesensoren sind die Nutzdatenübertragungsrate und -größe sowie die Übertragungszykluszeiten. Unter der Annahme, daß alle 5 ms Nachrichten über die Soll- und Istpositionen ausgetauscht werden sollen und jede Position über sechs bis acht Werte, je nach der Anzahl der Freiheitsgrade, beschrieben wird, die jeweils vier Byte pro Wert benötigen, ergeben sich 2x32 Byte Nutzdaten pro Datenpaket. Diese bestehen aus einem Sollpositionsdatensatz vom Sensorsystem an die Robotersteuerung und einem Istpositionsdatensatz in umgekehrter Richtung. Zusammen mit zusätzlichen Daten für das Übertragungsprotokoll führt eine einfache Abschätzung zu einer erforderlichen Datenübertragungsrate von 350

- 500 kbit/s. Die Analyse verfügbarer Feldbussysteme zeigt, daß nahezu alle die Anforderungen bezüglich der Datenübertragungsrate erfüllen, jedoch nur wenige die erforderliche Nutzdatenmenge in den benötigten Zykluszeiten übertragen können. In Tabelle 4.1 sind die gängigsten Feldbussysteme mit ihren wesentlichen Merkmalen einander gegenübergestellt *(Kaierle u. a. 1994)*. Die Variable n in der Tabelle bedeutet, daß ein ganzzahliges Vielfaches von 32 Bit als Nutzdatengröße zur Verfügung steht, x in der Zeile der Zykluszeit charakterisiert die Größenordnung der zumeist nicht streng vorgegebenen Zykluszeit.

	Bitbus	**CAN**	**FIP**	**Interbus-S**	**Profibus**	**Profibus-DP**
Topologie	Linie o. Baum	Linie o. Baum	Linie o. Baum	Ring	Linie o. Baum	Linie
physikalische Verbindung	Zweidraht o. LWL	Zweidraht	Zweidraht	Sechsdraht	Zweidraht	Zweidraht
max. Über-tragungsrate	2.4 Mbit/s	1 Mbit/s	2.5 Mbit/s	500 kbit/s	500 kbit/s	1.5 Mbit/s
max. Leitungslänge	13200 m	1000 m	2000 m	12800 m	4800 m	9600 m
max. Teilnehmerzahl	250	nicht beschränkt	256	256	127	122
Nutzdaten	0-128 Byte	0-64 Bit	1-256 Byte	n*32 Bit	0-246 Byte	1-64 Byte
Echtzeitbetrieb	ja	ja	ja	ja	ja	ja
Zykluszeit	x0 ms	x ms	x00 ms	x ms	x00 ms	10 ms
Multimaster	nein	ja	nein	nein	ja	nein
Zertifizierung	ja	ja	ja	ja	ja	ja

Tabelle 4.1: Übersicht über Standardfeldbussysteme

Bei Rechnerbuskopplungen sind Abschätzungen hinsichtlich Datenübertragungsraten und Echtzeitfähigkeit nicht erforderlich, da die Bandbreite moderner Bussysteme mit mindestens 32 Bit-Datenparallelübertragung teilweise deutlich über 100 MByte/s liegt, ebenso die Zykluszeiten im μ s-Bereich liegen und daher die hier gestellten Anforderungen weit übererfüllen. Sie bieten damit ein großes Potential für Weiterentwicklungen. Insbesondere kann über Rechnerbuskopplungen ein integriertes Gesamtsystem aufgebaut werden, indem die Hardware für die Sensordatenauswertung den Bus mit der Steuerung des Handhabungsgerätes gemeinsam nutzt.

Vergleicht man Feldbussysteme und Rechnerbuskopplungen, erweist sich die starke Hardwaregebundenheit der Rechnerbuskopplung als Nachteil. Sie erfordert eine hard- und softwareseitige Anpassung an den Steuerrechner, was mit großem Aufwand verbunden ist. Demgegenüber sind Feldbussysteme standardisiert und daher unabhängig von der Hardware der angeschlossenen Busteilnehmer. Eine Anpassung ist daher, wenn überhaupt, nur softwareseitig erforderlich. Somit bieten beide Realisierungen Vor- und Nachteile für die hier benötigte Form der Sensorintegration. Sie werden daher auch in der nächsten Zukunft gleichberechtigt nebeneinander stehen, obgleich aus Anwendersicht die integrierte Lösung mittels Rechnerbuskopplung einfacher zu bedienen ist und die Reserven an bislang ungenutzten Kapazitäten und Möglichkeiten groß sind.

4.3.3   Werkzeug- und Prozeßintegration

In den meisten Anwendungsfällen für bahngesteuerte Aufgaben ist eine konstante Relativgeschwindigkeit zwischen Werkstück und Werkzeug zu garantieren. Bei einfachen, nahezu geradlinigen Bahnen bereitet die Einhaltung dieser Randbedingung nur selten Probleme. In diesen Fällen beschränkt sich die Prozeßsteuerung neben der Konfiguration der Prozeßparameter auf das orts- und damit zeitrichtige Ein- bzw. Ausschalten des Prozesses. Praktische Untersuchungen haben gezeigt, daß dies bei sehr zeitkritischen Anwendungen, wie beispielsweise dem Laserschweißen, direkt durch den Sensor geschehen muß, da Standardsteuerungen den Anforderungen nicht gerecht werden können. Ihr Ausgangssignalverhalten ist teilweise mit langen Verzögerungszeiten behaftet, die zudem, je nach Bewegungszustand des Roboters, große Schwankungen aufweisen können. Die Integration des Werkzeugs erfolgt im allgemeinen über die Steuerung des Handhabungsgerätes, da sie die Parametereinstellungen und somit die Konfiguration übernimmt. Die Aktivierung des Prozesses erfolgt üblicherweise über ein direktes binäres Signal, so daß das Sensorsystem zwischengeschaltet werden kann, welches dann zeitrichtig den Prozeß startet (Abb. 4.15).

Komplexere Bahnen erfordern aus dynamischen Gründen oftmals eine Variation der Geschwindigkeit. Viele Werkzeuge für die automatisierte Produktion besitzen daher die Möglichkeit, sich in Grenzen an veränderte Vorschubgeschwindigkeiten anzupassen. Üblicherweise werden hierfür analoge Signale verwendet, die zu einer proportionalen Veränderung geeigneter Prozeßgrößen führen. Im einfachsten Fall genügt die Ansteuerung über ein geschwindigkeitsproportionales Signal, welches sowohl von der Robotersteuerung als auch vom Sensorsystem bereitgestellt werden kann. Einige Prozesse erfordern die gleichzeitige und oftmals nichtlineare Ansteuerung mehrerer Einstellgrößen, um sie an variable Vorschubgeschwindigkeiten anpassen zu können. Die Implementierung der nichtlinearen Abhängigkeiten ist entweder über eine analytische Beschreibung oder in Form von Technologietabellen möglich.

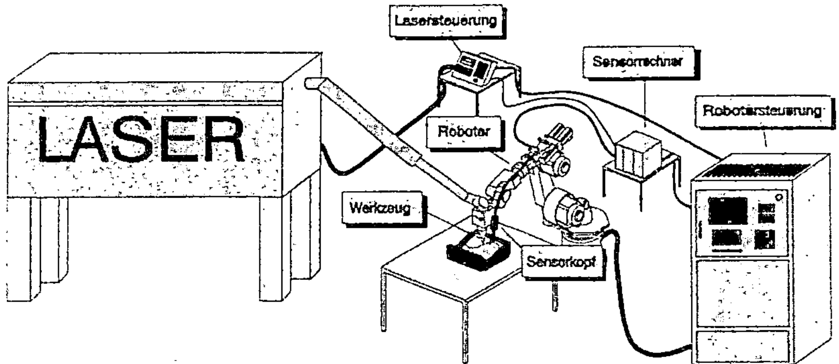

Abb. 4.15: *Standardkomponten einer Laserschweißanlage zum sensorgeführten Bahnschweißen*

Neben der Geschwindigkeitsanpassung können in einem weiteren Schritt die Meßinformationen bezüglich des Konturquerschnittes vom Sensor erkannt und aufbereitet werden. Dies bildet die Grundlage für eine adaptive Prozeßführung, die zum Ziel hat, das Prozeßfenster zu erweitern und Fertigungstoleranzen, beispielsweise in der Nahtvorbereitung, auszugleichen. Industriell eingesetzte sensorgestützte Verfahren zur Drahtvorschubregelung beim MAG-Schweißen haben die Vorteile eines adaptiv gesteuerten Schweißprozesses bereits belegt. Das sensorgeführte adaptive Laserschweißen wird derzeit gerade untersucht *(Pischetsrieder u. a. 1995)*.

Insgesamt stellt die Prozeßintegration bei der sensorgestützten Bahnbearbeitung noch ein weites Feld ungelöster Problemstellungen dar. Die meßtechnischen Voraussetzungen liefern moderne Sensorsysteme bereits, die Auswertung dieser Meßwerte und die Anpassung an die vielschichtigen Problemstellungen ist in vielen Fällen jedoch bislang nicht gelöst. Für ein tiefergehendes Prozeßverständnis ist daher neben experimentellen Untersuchungen die Entwicklung von Prozeßmodellen und die Umsetzung in frei konfigurierbare Technologieprozessoren eine grundlegende Voraussetzung *(Milberg & Lindl 1993)*.

4.4 Zusammenfassung des Gesamtkonzepts

Zielsetzung war, das Konzept für ein neuartiges Sensorsystem zur Konturverfolgung zu erarbeiten, das aufbauend auf den Erfahrungen mit realisierten Systemen neue Wege beschreitet, um den Anforderungen derzeitiger und künftiger Anwendungen gerecht zu werden. Es sollte daher ein voll 3D-fähiges System konzipiert werden, das selbst bei hohen Vorschubgeschwindigkeiten sehr genaue Meßwerte liefert. Außerdem sollte es weitgehend aus Standardkomponenten aufgebaut sein, die sich an eingeführten und weit verbreiteten Normen orientieren, um so kostengünstig von der Weiterentwicklung marktgängiger Standardbaugruppen profitieren zu können.

Dazu wurde das vielfach bewährte Grundkonzept mit separatem Sensorkopf und Sensorrechner beibehalten. Die Auswertung möglicher physikalischer Meßprinzipien führte zu der Erkenntnis, daß ein optisches System nach dem Lichtschnittverfahren die geeignetste Lösung darstellt. Die Anforderungen hinsichtlich der Abtastrate und der Meßgenauigkeit führten zur Konzeption eines Lichtschnittsensors mit mehreren Lichtschnitten, um eine Kamera einsetzen zu können, die der weit verbreiteten TV-Norm entspricht. Der Sensorrechner als zentrale Instanz zwischen Sensorkopf und Steuerung des Roboters ist sowohl für die Bildverarbeitung und -auswertung als auch für die Bahngenerierung oder -korrektur des Handhabungssystems zuständig. Auf eine einfache Bedienung des Sensorrechners wurde dabei besonders geachtet. Der Sensorrechner wurde sehr offen hinsichtlich unterschiedlicher Erweiterungen und Schnittstellen konzipiert, so daß eine Adaption an prinzipiell jede Robotersteuerung und periphere Einrichtung möglich ist.

Weitere Aspekte des Konzepts betrachten sowohl die mechanische als auch die informationstechnische Integration des Sensorsystems in eine Produktionsanlage. Eine zentrale Aufgabe der mechanischen Integration ist dabei die Nachführung des Sichtfeldes des vorlaufenden Sensorkopfes. Dies kann entweder durch die Nutzung redundanter Freiheitsgrade oder durch die Ansteuerung schneller Zusatzachsen erfolgen. Für die informationstechnische Integration wurden verschiedene Konzepte erarbeitet, die sich an den unterschiedlichen Fähigkeiten heutiger Robotersteuerungen orientieren, aber auch Ansätze neuer Steuerungsgenerationen berücksichtigt. Hierzu gehört insbesondere auch die Wahl einer geeigneten Schnittstelle für die schnelle, echtzeitfähige Datenübertragung. Betrachtungen zur Werkzeug- und Prozeßintegration schließen das Gesamtkonzept ab.

Ergebnis ist ein Sensorsystem, das äußerst flexibel für unterschiedliche Aufgaben eingesetzt werden kann, sich auf eine Vielzahl von Standardkomponenten stützt und somit kostengünstig und zukunftssicher aufgebaut werden kann.

5 Bahnplanung und Bewegungsprogrammierung

Ein Sensorsystem zur Konturverfolgung hat zwei Hauptaufgaben zu lösen. Zum einen muß die Kontur den Anforderungen hinsichtlich Abtastfrequenz und Meßgenauigkeit (siehe Kap. 3.3.1.2) entsprechend erfaßt werden, zum anderen müssen die Meßwerte in einer Form aufbereitet werden, die die angeschlossene Robotersteuerung in die geforderten Bewegungen umsetzen kann. Die Bahnplanung stellt somit das Bindeglied zwischen der Konturerfassung im Sensorsystem und der Bewegungsgenerierung im Handhabungssystem dar.

Für die Bahngenerierung mit Konturfolgesensoren der zweiten Generation (vgl. Kap. 2) konnten sich im wesentlichen zwei Verfahren durchsetzen. Es sind dies das Bahnkorrekturverfahren und das Sensorbahnplanungsverfahren. Beim Bahnkorrekturverfahren wird die durch ein Bewegungsprogramm a priori vorgegebene Kontur durch das Sensorsystem korrigiert. Beim Sensorbahnplanungsverfahren werden die Meßwerte unmittelbar in Roboterkoordinaten umgesetzt, was einer On-Line Programmierung des Handhabungsgerätes entspricht. Daher entfällt das Vorprogrammieren der Bahn, was bereits bei ebenen Bahnen, aber insbesondere bei komplexen dreidimensionalen Konturen einen erheblichen Zeitvorteil gegenüber dem Bahnkorrekturverfahren bringt.

Neben der Realisierung allgemeiner Ansätze für die 3D-Konturverfolgung, die mit fünf- oder sechsachsigen Robotern ausgeführt werden, kommen in einer Vielzahl ebener Anwendungen Spezialanpassungen mit ein bis drei Achsen zum Einsatz. Diese Lösungen sollen jedoch nicht weiter betrachtet werden, da sie speziell dem jeweiligen Bearbeitungsfall angepaßt sind und sich nicht für allgemeine Aufgabenstellungen eignen, die Gegenstand dieser Arbeit sind.

5.1 Vorlauf des Sensorkopfes

Wie bereits in Kap 3.4 erläutert, erlauben nur sehr wenige Prozesse eine Meßwerterfassung direkt am Bearbeitungsort. Dieser ist entweder aufgrund der Bauform des Werkzeuges nicht zugänglich oder extreme Bedingungen, wie sie beispielsweise beim bahngeführten Schweißen auftreten, verhindern eine Konturerfassung am Arbeitspunkt. Im allgemeinen läßt sich dieses Problem durch den Einsatz eines vorauseilenden Sensors lösen.

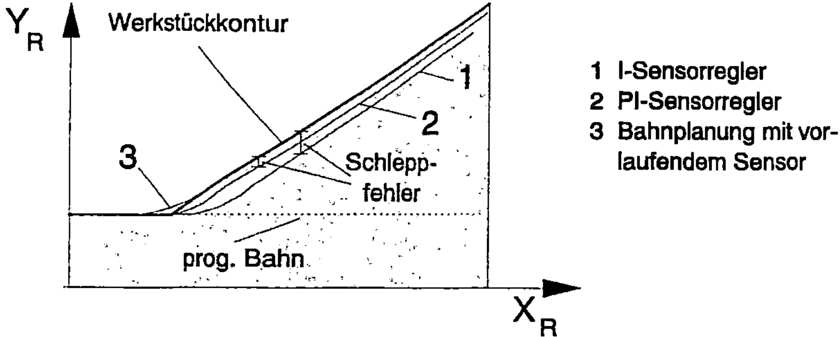

*Abb. 5.1:   Bahnabweichungen in Abhängigkeit von der Eingriffsart in die Bewe-
gungsplanung*

Im Gegensatz zu Sensorsystemen, die am Bearbeitungsort messen wie die kapazitiven Abstandssensoren beim Laserschneiden *(Trunzer 1993)*, lassen sich mit vorlaufenden Sensoren höhere Geschwindigkeiten und Genauigkeiten erreichen. Dies
rührt von der typischen Steuerungstruktur her, die im Gegensatz zur Regelung
schleppfehlerfrei ausgelegt werden kann (Abb. 5.1). Da die im Gesamtsystem vorhandenen Totzeiten bekannt sind, lassen sie sich durch Vorhaltestrategien kompensieren, was zu einer wesentlichen Verbesserung der dynamischen Eigenschaften des
Gesamtsystems gegenüber einer regelnden Sensorintegration führt. Nachteilig bei
vorlaufenden Sensoren ist dagegen die aufwendigere Datenverarbeitung, da die
aufbereiteten Meßwerte zwischengespeichert und zeitrichtig zur Steuerung übertragen werden müssen, wobei die zwischenzeitlich durchgeführten Bewegungen des
Arbeitspunktes ebenfalls berücksichtigt werden müssen. Dies läßt sich nur durch
den Einsatz eines Rechners realisieren.

Regelnde Sensoren stellen demgegenüber zumeist ein analoges Ausgangssignal zur
Verfügung, welches über einen in der Robotersteuerung einstellbaren Regler als
Sollwert in die Lagekorrekturregelung eingeht. Aufgrund der systemimmanenten
Totzeiten lassen sich bei diesem Verfahren für ein stabiles Verhalten nur kleine
Reglerverstärkungen einstellen, die bei hohen Verfahrgeschwindigkeiten zu großen
Schleppfehlern führen. Sie können größer werden als die prozeßbedingten maximal
zulässigen Abweichungen und so zur Unbrauchbarkeit des Sensors für diese Gruppe
von Applikationen führen.

Eine wichtige Größe beim Einsatz vorlaufender Sensoren ist der Vorlauf selbst. Er
bestimmt maßgeblich den Konturverlauf, dem ein Sensor-Roboter-System noch folgen kann. Als Vorlauf wird der Abstand zwischen Sensorsichtfeld und Arbeitspunkt
bezeichnet. Der minimal mögliche Vorlauf V_{min} wird durch eine Reihe von Faktoren

festgelegt, die sich im wesentlichen durch drei im Gesamtsystem auftretende Verzögerungszeiten beschreiben lassen. Es sind dies erstens die Verarbeitungszeit T_{ST} des Sensors, die der Zeit von der Erfassung der Kontur durch die Kamera bis zum Abschluß der Bildauswertung entspricht, und zweitens die Verarbeitungszeit T_{RC} der Robotersteuerung von der Übernahme des Sensorwertes bis zum Erreichen der Positionsvorgabe. Die dritte Verzögerungszeit ergibt sich aus dem Bahnabstand, einer Größe, die sich aus den Schleppabständen der einzelnen Achsen des Handhabungsgerätes ergibt und durch die Geschwindigkeitsverstärkung K_v jeder Achse charakterisiert ist. Wird die Summe dieser Zeiten mit der gewünschten maximalen Vorschubgeschwindigkeit multipliziert, erhält man den Minimalvorlauf V_{min}. Um die Rauschanteile in den Sensormeßwerten durch Filteralgorithmen zu reduzieren bzw. die Bahn vorausschauend planen zu können, empfiehlt es sich, den Vorlauf so zu vergrößern, daß jeweils mindestens zwei bis drei Meßwerte zwischengespeichert sind. Der so erhaltene Vorlauf V_{ideal} kann auch durch die Ersatzzeit T_{Ers}, die sich aus der Summe der Einzelverzögerungszeiten errechnet, beschrieben werden, indem die maximale Vorschubgeschwindigkeit v_b mit der Ersatzzeit multipliziert wird. In Abb. 5.2 sind die vorlaufbestimmenden Zeitanteile dargestellt.

Der Faktor x beschreibt dabei die Überlagerung der Schleppabstände der einzelnen Achsen und charakterisiert so den Bahnschleppabstand. Für ein kartesisches Handhabungssystem ergibt sich für x etwa $\sqrt{3}$, für typische Knickarmroboter $\sqrt{5}$.

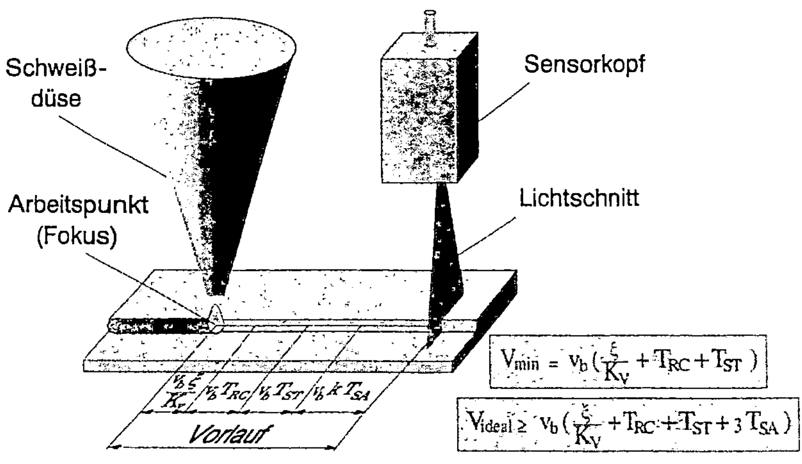

Abb. 5.2:   Vorlaufbestimmende Zeitanteile

Wird in der Steuerung ein Vorfilter wie beispielsweise eine Geschwindigkeits- und Beschleunigungsvorsteuerung eingesetzt, reduziert sich der Bahnschleppabstand bei konstanter Bahnbeschleunigung auf Null. Gleichzeitig werden die Lagesollwerte durch den Vorfilter zeitverzögert, so daß der Faktor $\check{v}/K_v$ durch die Stufenzahl des Vorfilters multipliziert mit dem Lageregeltakt ersetzt werden kann. Ist der Lageregeltakt der einzelnen Achsen wesentlich kleiner als der Interpolationstakt, kann X durch Null ersetzt werden *(Pritschow u. a. 1992a)*.

Die Größe des Vorlaufs wirkt sich unmittelbar auf die maximale durch den Sensorkopf noch erfaßbare Richtungsänderung der Kontur, den sogenannten Knickwinkel, aus. Die maximale halbe Abtastbreite S_{max} beträgt derzeit typischerweise ca. 10 mm, um Meßauflösungen von 0.05 mm und besser zu realisieren. Aus den Formeln in Abb. 5.3 wird ersichtlich, daß sich bei größer werdendem Vorlauf der maximale zulässige Knickwinkel verkleinert, was den Einsatzbereich des Sensorsystems naturgemäß einengt.

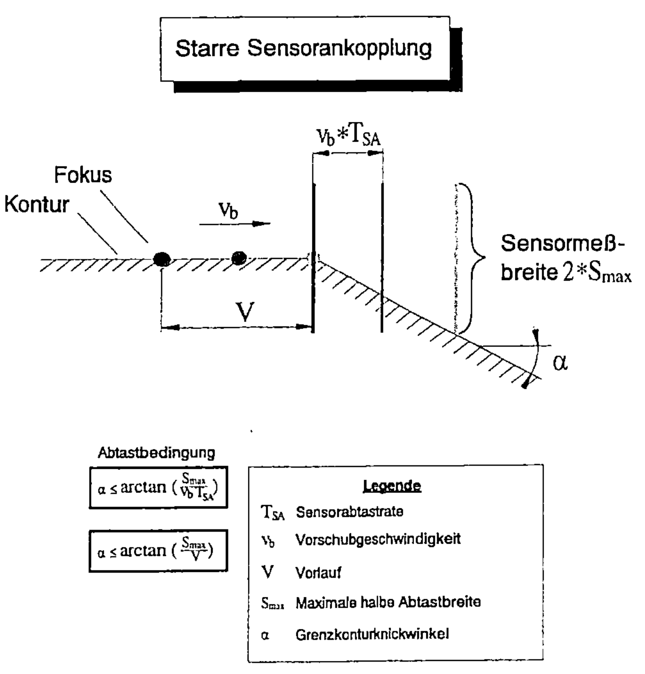

Abb. 5.3: Herleitung der analytischen Zusammenhänge zur Bestimmung des Grenz knickwinkels bei starrer Sensorkopfanordnung

Ist der Sensor starr mit der Roboterhand verbunden, so ergibt sich ein Grenzwinkelverlauf wie in Abb. 5.4 dargestellt. Die in der Grafik eingezeichneten Parameterlinien beschreiben den geschwindigkeitsabhängigen minimalen Vorlauf, so daß in Abhängigkeit von der jeweiligen Ersatzzeit nur diejenigen Bereiche der Grafik eine praktische Bedeutung haben, die in Richtung des größeren Vorlaufs liegen, also rechts von der zugehörigen Parameterlinie. Die in den Grafiken links zu erkennende Abflachung rührt aus dem Bereich der Abtastbedingung (Abb. 5.3) her. Betrachtet man jedoch den zugehörigen Gültigkeitsbereich, wird ersichtlich, daß die Abtastbedingung unter derzeitigen Gegebenheiten nur von theoretischer Bedeutung ist.

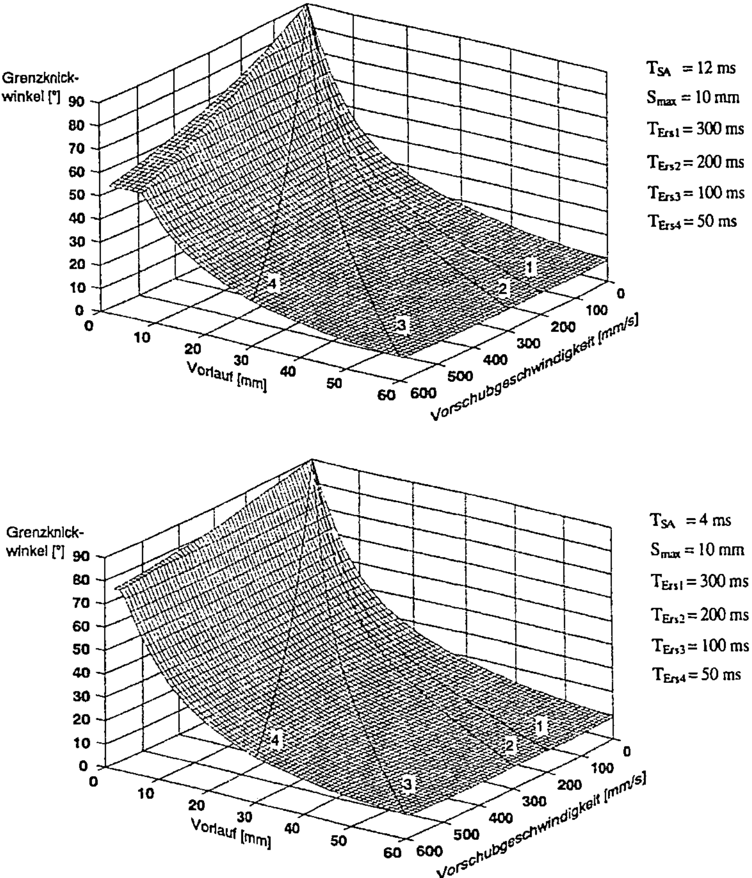

Abb. 5.4: *Grenzknickwinkelverlauf bei starr vorlaufend angeordnetem Sensor bei unterschiedlicher Ersatzzeit T_{ers} (vgl. S. 62)*

Zur Erhöhung des Grenzknickwinkels wird eine Anordnung mit zusätzlichem Freiheitsgrad, wie in Kap. 4.3.1.1 beschrieben, näher analysiert. Der Sensor verfügt im untersuchten Fall über eine rotatorische Bewegungsmöglichkeit, die ihm eine von der Werkzeugorientierung unabhängige Positionierung des Sensorkopfes erlaubt. Während der Grenzknickwinkel bei der starren Anordnung nur von der Vorschubgeschwindigkeit, der Abtastbreite und -frequenz und dem Vorlauf abhängt, müssen bei der Anordnung mit zusätzlichem rotatorischen Freiheitsgrad außerdem die maximale Winkelbeschleunigung $\dot{\omega}$ der Drehachse, die Totzeiten für die Ansteuerung der Drehachse T_{ZT} bzw. des Sensorsystems T_{ST} und die für die Drehung erlaubte Zeit T_W berücksichtigt werden (Abb. 5.5).

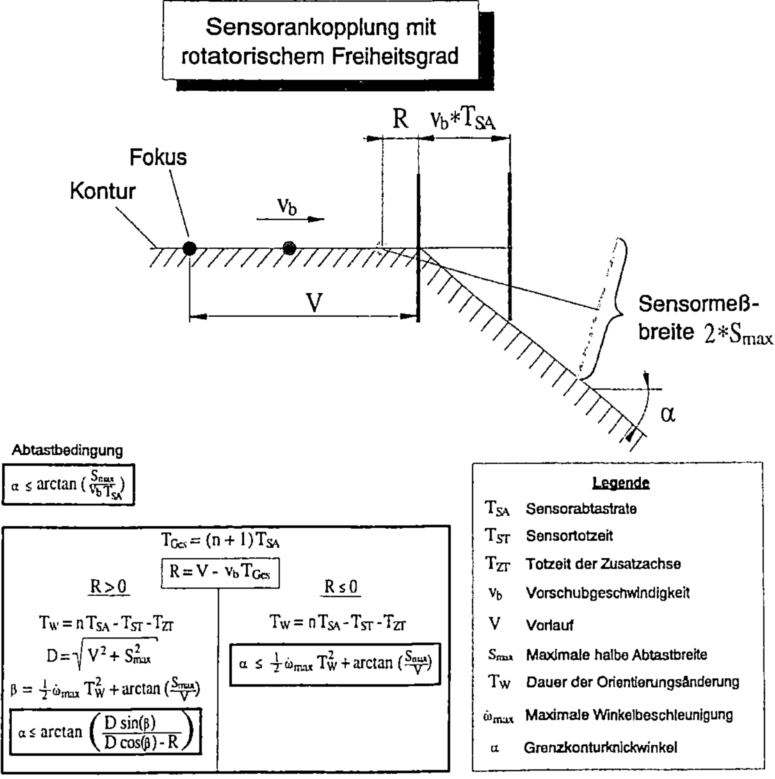

Abb. 5.5:   *Herleitung der analytischen Zusammenhänge zur Bestimmung des Grenzknickwinkels mit rotatorischem Freiheitsgrad für den Sensorkopf*

Die Zeit für die Drehung entspricht dem $n+1$-fachen der Sensorabtastzeit, wenn davon ausgegangen wird, daß im ungünstigsten Fall der Sensor den Knick in der Kontur aufgrund der Abtastbedingung gerade noch erfassen kann und im Anschluß maximal n Meßpunkte entlang der Kontur nicht erfaßt werden können, ehe der Sensor die Kontur wiederfindet. Der Graph des Grenzknickwinkels in Abb. 5.6 setzt sich aus drei Teilbereichen zusammen.

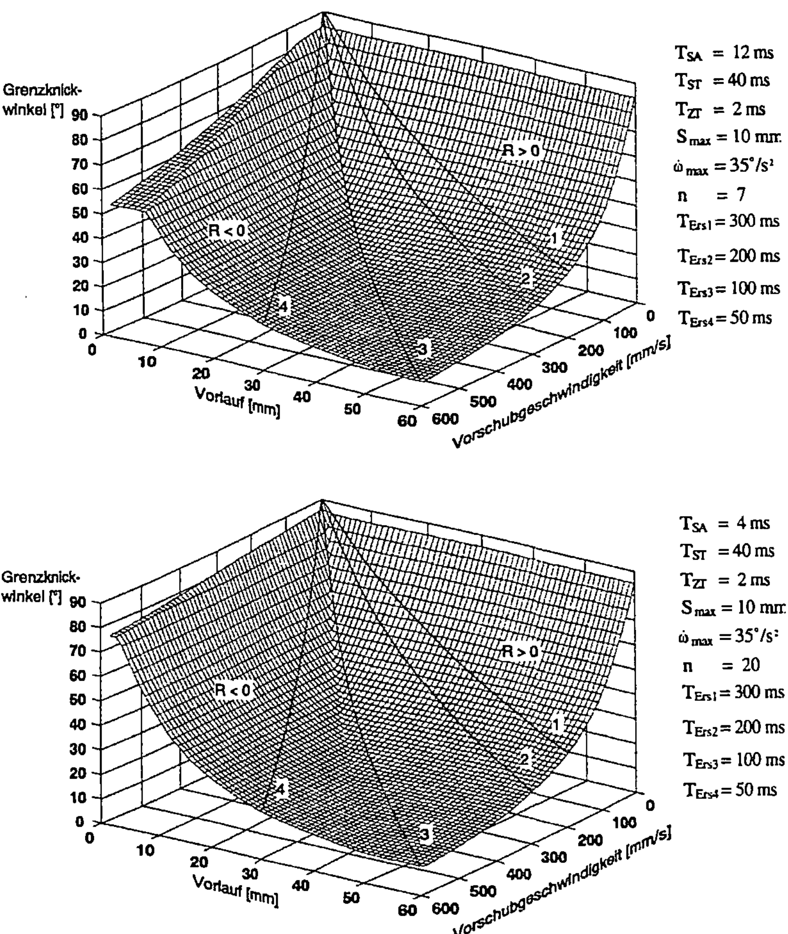

Abb. 5.6: Erweiterung des Sensoreinsatzgebietes durch Verwendung eines rotatorischen Freiheitsgrades zur Sensorsichtfeldnachführung

Genau wie bei der starren Anordnung liefert die Abtastbedingung im ersten Bereich, der durch einen sehr kurzen Vorlauf gekennzeichnet ist, den Grenzknickwinkel. Dieser ist jedoch aufgrund der stets schärferen Bahnplanungsbedingung (Parameterlinien in Abb. 5.6) auch hier nicht von praktischer Bedeutung. Weiterhin unterteilt sich der Graph in Abhängigkeit von der Reststrecke R, die sich aus dem Vorlauf abzüglich der mit der Gesamtzeit T_{Ges} multiplizierten Geschwindigkeit v_b ergibt und der verbleibenden Wegstrecke vor der Knickstelle entspricht (siehe Abb. 5.5). Ist die Reststrecke $R < 0$, entspricht der Grenzknickwinkel bei den hier zugrunde-gelegten Parametern nahezu dem der starren Anordnung. Ist $R > 0$, ist eine kleinere Verdrehung des Sensorkopfes erforderlich, so daß sich ein größerer Grenzknickwinkel ergibt. In diesem Fall ist der Grenzknickwinkel nahezu unabhängig vom eingestellten Vorlauf. In Abb. 5.6 sind zwei Beispiele für den Grenzknickwinkel mit rotatorischem Sensorfreiheitsgrad zu sehen. Deutlich sind die drei Bereiche durch Knickstellen im Graphen zu erkennen.

Betrachtet man die Differenz der Grenzknickwinkel von der starren Anordnung und der Anordnung mit rotatorischem Freiheitsgrad (Abb. 5.7), wird ersichtlich, daß insbesondere in dem Bereich größerer Ersatzzeiten teilweise eine erhebliche Erweiterung des Einsatzbereiches vorlaufender Sensoren durch die Sichtfeldnachführung erzielt werden kann.

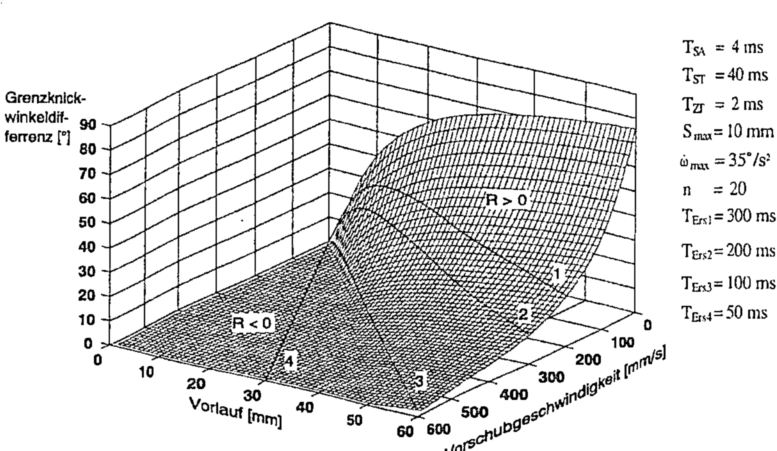

Abb. 5.7: Deutliche Erweiterung des Einsatzgebietes durch den rotatorischen Freiheitsgrad, insbesondere im Bereich relevanter Anwendungsfelder

5.2   Kalibrierung des Roboter-Sensor-Systems

Die Meßabläufe und die Bewegungen von Handhabungssystemen mit optischen
Sensoren zur Konturverfolgung lassen sich durch insgesamt fünf Koordinatensysteme
eindeutig beschreiben (Abb. 5.8). Diese Koordinatensysteme bilden eine geschlossene Kette und lassen sich daher durch konstante oder zeitvariante Transformationen
ineinander überführen.

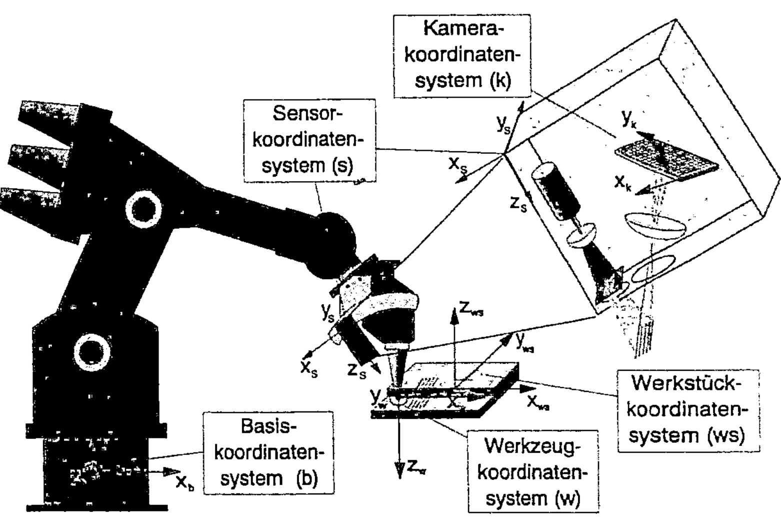

Abb. 5.8:   Koordinatensysteme zur Beschreibung des Roboter-Sensorsystems

Das erste Koordinatensystem ist das des Meßaufnehmers. Es ist durch das Pixelraster
des CCD-Elements der Kamera definiert und wird im folgenden als Kamerakoordinatensystem bezeichnet. Die optischen Elemente sind matrixförmig angeordnet,
das Kamerakoordinatensystem ist daher zweidimensional und orthogonal. Aufgrund
der Anordnung der optischen Komponenten (Abb. 5.9) erscheint das Kamerakoordinatensystem jedoch verzerrt bezüglich des orthonormierten Sensorkoordinatensy-
stems, welches durch das Gehäuse des Sensorkopfes festgelegt ist. Es existiert eine
nichtlineare bijektive Abbildung zwischen den beiden Koordinatensystemen *(Schröder 1984)*:

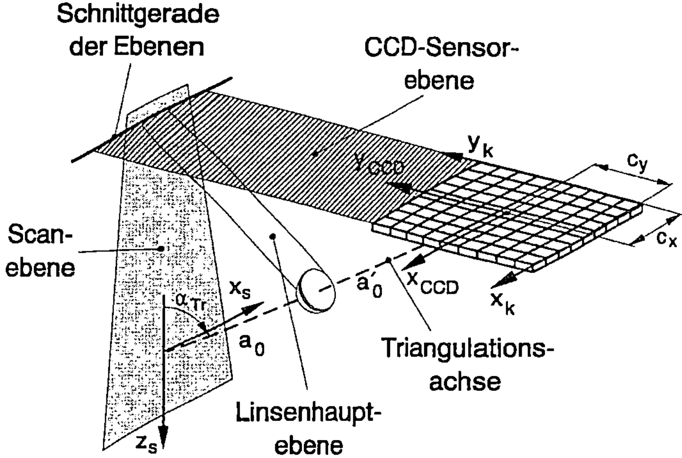

Abb. 5.9:   Scheimpfluganordnung optischer Komponenten (Schröder 1984)

$$x_k = c_2 c_3 \frac{x_{CCD}}{c_2 - y_{CCD}} \quad , \quad z_k = c_1 \frac{y_{CCD}}{c_2 - y_{CCD}}$$

mit den Konstanten

$$c_1 = \frac{a_0 - f}{\cos(\alpha_{Tr})} \quad , \quad c_2 = \tan(\alpha_{Tr}) f \sqrt{\frac{f^2}{\tan^2(\alpha_{Tr})\,(a_0 - f)^2} + 1} \quad , \quad c_3 = \frac{a_0 - f}{f}$$

Das Sensorkoordinatensystem ist fest oder über zusätzliche Achsen definiert mit dem Bearbeitungswerkzeug verbunden. Es besteht daher entweder eine konstante oder im Falle von Zusatzachsen eine von der Stellung der Zusatzachsen abhängige Transformation, die eine ebenfalls bijektive, in diesem Fall lineare Abbildung zwischen den beiden Systemen herstellt. Üblicherweise ist das Bearbeitungswerkzeug und damit auch das Werkzeugkoordinatensystem fest mit der Hand des Handhabungsgerätes verbunden, so daß zwischen beiden Koordinatensystemen ein konstanter Zusammenhang besteht, nämlich die Werkzeugkorrektur. Im Falle der inversen Kinematik (Kap. 3.2) besteht eine konstante Transformation zwischen Werkzeug- und Basiskoordinatensystem.

Zum Basiskoordinatensystem des Roboters, welches üblicherweise fest mit der Umgebung verbunden ist, läßt sich die Transformationsvorschrift über die Vorwärtstransformation, basierend auf den zeitlich veränderlichen Achskoordinaten, ableiten. Hierfür kann eine bijektive lineare Abbildung zwischen Handkoordinatensystem und Basiskoordinatensystem berechnet werden. Alle bisher beschriebenen Koordinatensysteme befinden sich in Reihe geschaltet und bilden eine offene Kette. Sie wird geschlossen durch das Werkstückkoordinatensystem, ein konturbegleitendes Koordinatensystem, welches entweder ruhend und damit über eine konstante Transformation zum Basiskoordinatensystem oder bewegt und damit durch eine konstante Transformation zum Werkzeugkoordinatensystem beschrieben wird.

Die Kalibrierung des Roboter-Sensor-Systems hat damit die Aufgabe, die Transformationsvorschriften der einzelnen Koordinatensysteme zueinander zu ermitteln.

5.2.1   Interne Kalibrierung des Sensorkopfes

Bereits in Kap. 4.1 wurde die Notwendigkeit für die Kalibrierung des Sensorkopfes selbst beschrieben. Sie ermöglicht die Umrechnung der Kamerakoordinaten in Sensorkoordinaten. Es handelt sich um eine nichtlineare Transformation, die sich analytisch beschreiben läßt (Kap. 5.2), aber aufgrund von Abweichungen, die in erster Linie aus

- Fehlern in der Linsenbrennweite

- Abbildungsfehler in der Optik

- Einbautoleranzen der Einzelkomponenten

herrühren, zu Fehlern in der Transformation führt. Für die Kompensation dieser Fehler werden verschiedene Verfahren beschrieben, die sich aufgrund ihres hohen Rechenaufwandes jedoch nicht für schnelle Echtzeitanwendungen eignen *(Föhr 1990)*. In *Horn (1994, S. 90 - 93)* ist ein Ansatz zur schnellen Transformation von Kamerakoordinaten in Sensorkoordinaten anhand von experimentell ermittelten Kalibrierkurven abgeleitet.

5.2.2   Externe Kalibrierung des Sensorkopfes

Durch die interne Kalibrierung ist das Sensorsystem in der Lage, Meßpunkte der betrachteten Kontur in Sensorkoordinaten zu transformieren und an eine nachgeschaltete Verarbeitungseinheit zu liefern. Da der Sensorkopf mit dem Bearbeitungswerkzeug fest oder über Zusatzachsen verbunden ist, wird für die Bahnplanung der Zusammenhang zwischen Sensorkoordinatensystem und Werkzeugkoordinatensystem benötigt. Ein wichtiges Maß, das sich aus dieser Transformation ergibt, ist der für die Bahnplanung wesentliche Vorlauf.

Wird der Einfachheit halber zunächst der zweidimensionale Anwendungsfall betrachtet, befindet sich das zumeist rotationssymmetrische Werkzeug achsparallel zum

Sensor. Die Sensorlage relativ zum Werkzeug läßt sich dann durch drei unabhängige Koordinaten beschreiben, die üblicherweise in Zylinderkoordinaten (r, φ, z) gegeben sind (Abb. 5.10). Wird der Sensorkopf darüber hinaus in seiner Höhe so eingestellt, daß er im Arbeitsabstand die Höheninformation 0 liefert, läßt sich die Transformation sogar auf nur zwei unabhängige Freiheitsgrade (r und J) zurückführen.

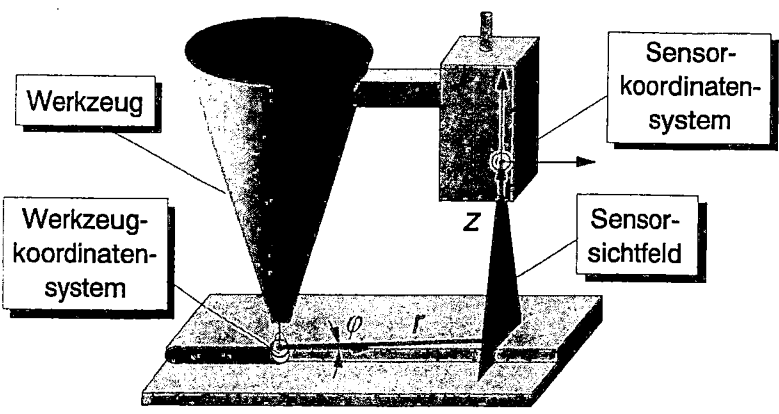

Abb. 5.10: Kalibrierung bei ebenen Anwendungen

Im Gegensatz hierzu erfordert der Übergang von der 2D- zur 3D-Anwendung eine Kalibrierung des Sensorkopfes in allen sechs Freiheitsgraden. Es sind dies drei der Translation und drei der Rotation. Können bei der zweidimensionalen Anwendung die Kalibrierparameter noch mit hinreichender Genauigkeit manuell vermessen werden, ist die Ermittlung aller sechs Freiheitsgrade nur mit erheblichem meßtechnischem Aufwand manuell durchzuführen. Beabsichtigt man außerdem, das sensorgeführte Robotersystem in der flexiblen Kleinserienfertigung einzusetzen, stellt sich die Forderung nach einer automatischen Kalibrierung des Sensorsystems auch aus wirtschaftlichen Gründen, da hier eine optimale Anpassung an die Bearbeitungsaufgabe eine Änderung der Position oder der Orientierung des Sensorkopfes relativ zum Werkzeug erforderlich macht.

Für die Kalibrierung werden üblicherweise spezielle Kalibrierwerkstücke verwendet. Das Werkzeug und der Sensorkopf werden so über dem Kalibrierwerkstück positioniert, daß sich der Werkzeugbearbeitungspunkt auf der Oberfläche des Kalibrierwerkstücks befindet, die Orientierung des Werkzeuges wie beim Bearbeitungsfall eingestellt wird und die Kontur des Kalibrierwerkstücks zwischen Werkzeugbearbeitungspunkt und etwa der Mitte des Sensorsichtfeldes verläuft. Eine vollautomatische Kalibrierung durch Anfahren einer einzigen Position läßt sich nur bei Sensortypen erreichen, die ihre Relativposition aus einem Bild in allen sechs Freiheitsgraden berechnen können.

Betrachtet man den einfachen Lichtschnittsensor und den scannenden Sensor, so sind beide Typen prinzipbedingt nur in der Lage, zwei translatorische Koordinaten und eine rotatorische Koordinate selbständig zu vermessen (siehe Abb. 5.11). Die dritte translatorische Koordinate, der Vorlauf, läßt sich durch Ablesen der Werkzeugposition auf dem Maßstab des Kalibrierwerkstücks bestimmen. Auf ähnliche Weise kann auch die Verdrehung der Sensormeßebene durch Ablesen der Winkelkoordinate der Projektionslinie auf einem Teilkreis gemessen werden. Die letzte Orientierungskoordinate, der Verdrehwinkel B um die Sensor-Y-Koordinate, läßt sich durch eine definierte Höhenverschiebung zwischen Werkzeug und Werkstück errechnen (Abb. 5.11, rechts).

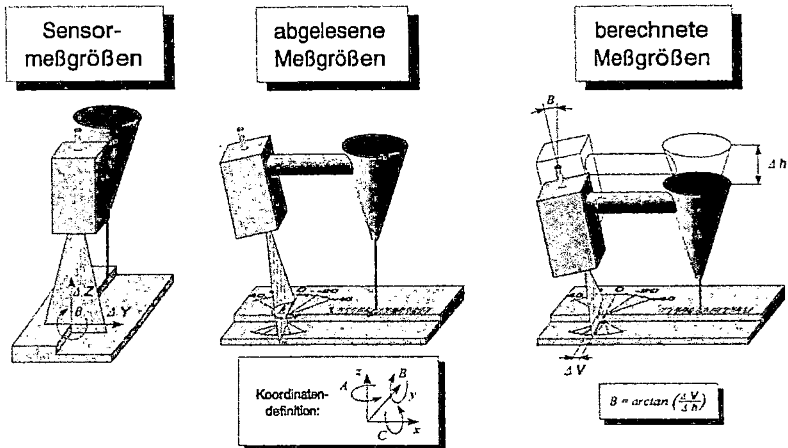

Abb. 5.11: Halbautomatische Kalibrierung von Lichtschnitt- und scannenden Sensoren

Eine andere Vorgehensweise, die sich ebenfalls für Lichtschnittsensoren und scannende Sensoren eignet, benötigt ein Kalibrierwerkstück mit einem eingearbeiteten V-Profil. Das Handhabungsgerät dient dabei gleichzeitig als Meßmaschine. Abb. 5.12 zeigt den Meßaufbau.

Hier werden zunächst die Punkte ${}_b\overline{p}_1$, ${}_b\overline{p}_2$ und ${}_b\overline{p}_3$ durch den Roboter mit der Werkzeugspitze angefahren und in Koordinaten des Basissystems gespeichert. Anschließend wird der Sensor so über dem Blech positioniert, daß die Blechebene komplanar zur Sensormeßebene ausgerichtet ist und sich das V-Profil ganz innerhalb des Sensorsichtfeldes befindet. Im nächsten Schritt vermißt der Sensor das Profil und ermittelt die Punkte $_s\bar{p}_1, _s\bar{p}_2$ und $_s\bar{p}_3$ im Sensorkoordinatensystem. Definiert man ein lokales Profilkoordinatensystem mit der X-Achse von $\bar{p}_1$ nach $\bar{p}_3$, der Y-Achse orthogonal zur X-Achse als Projektion von $\bar{p}_1$ nach $\bar{p}_2$ und der Z-Achse als Kreuzprodukt von X- und Y-Achse, läßt sich dieses sowohl aus den Sensormeßwerten der drei Punkte im Sensorkoordinatensystem als auch aus den Robotermeßwerten im Basiskoordinatensystem ausdrücken. Damit kann man folgende Matrizengleichung formulieren:

$$(_s\bar{x} \quad _s\bar{y} \quad _s\bar{z}) = T_{sb} (_b\bar{x} \quad _b\bar{y} \quad _b\bar{z})$$

$$T_{sb} = (_s\bar{x} \quad _s\bar{x} \quad _s\bar{z}) (_b\bar{x} \quad _b\bar{y} \quad _b\bar{z})^T$$

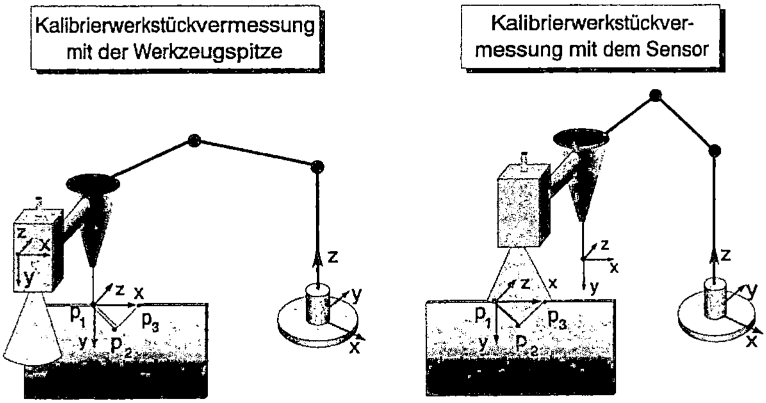

Abb. 5.12: Interaktive Kalibrierung von Lichtschnitt- und scannenden Sensoren

Somit erhält man die Transformationsmatrix T_{sb} vom Basiskoordinatensystem ins Sensorkoordinatensystem für die aktuelle Roboterstellung, benötigt wird jedoch die Transformation zwischen Werkzeugkoordinatensystem und Sensorkoordinatensystem. Da die Transformation vom Basiskoordinatensystem ins Werkzeugkoordinatensystem über die Vorwärtstransformation T_{wb} bekannt ist, läßt sich dieser Zusammenhang ebenfalls einfach ermitteln:

$$T_{sb} = T_{sw} T_{wb}$$

$$T_{sw} = T_{sb} T_{wb}^{\,T}$$

Durch die transponierte Transformationsmatrix T_{sb} können die im Sensorkoordinatensystem gemessenen Kalibrierpunkte $_s p_1, _s p_2$ und $_s p_3$ ins Basiskoordinatensystem transformiert werden. Somit läßt sich die Vektorkette schließen und die noch unbekannte Translation zwischen Werkzeug- und Sensorkoordinatensystem über jeden der drei Punkte berechnen. Üblicherweise werden alle drei Punkte hierfür herangezogen, wobei die arithmetische Mittelung eine höhere Genauigkeit für den Verschiebevektor ergibt.

Beiden oben beschriebenen Varianten zur externen Kalibrierung des Sensorkopfes ist gemeinsam, daß sie eine Relativbewegung zwischen Kalibrierwerkstück und Sensorkopf benötigen, um alle sechs Freiheitsgrade zu erfassen.

In *Nayak & Ray (1993, S. 65-83)* sind weitere Verfahren zur Kalibrierung von Nahtfolgesensoren beschrieben, die jedoch mehr Interaktivität vom Bediener als bei den hier beschriebenen Vorgehensweisen erfordern, was mehr Zeit in Anspruch nimmt und größere Fehler in der Kalibrierung zur Folge hat.

Im Gegensatz zu den einfachen scannenden bzw. Lichtschnittsensoren bieten Sensoren mit mehreren Projektionslinien die Möglichkeit, das System ohne weitere Bewegungen des Sensors zu kalibrieren. Jedes Videobild enthält die vollständige dreidimensionale Information. Durch ein geeignetes Kalibrierwerkstück läßt sich die Kalibrierung daher sehr einfach und schnell durchführen. Der Aufbau des derzeit verwendeten Kalibrierwerkstücks für das konzipierte Sensorsystem ist in Abb. 5.13 zu sehen.

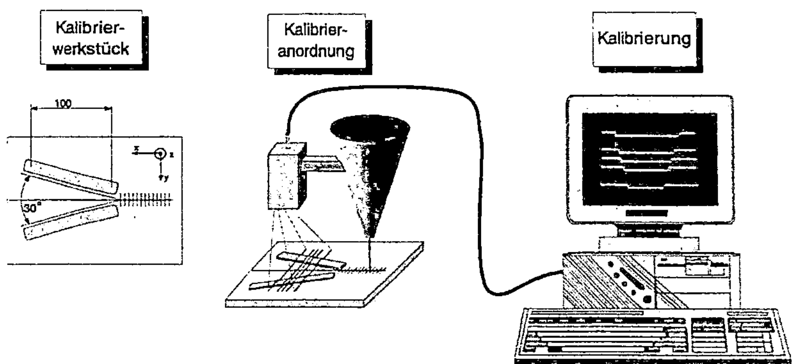

Abb. 5.13: Vollautomatische Kalibrierung mit 3D-messendem Sensor

Die von der Bildverarbeitung abwechselnd gemessenen linken und rechten Konturen erlauben die eindeutige Bestimmung der Sensorposition relativ zum Kalibrierwerkstück. Die V-förmige Anordnung ermöglicht sowohl die Berechnung der Verdrehlage als auch die Verschiebung in Bewegungsrichtung. Der Verdrehwinkel um die Sensor-Y-Achse läßt sich durch die auf einer Geraden liegende Höheninformation berechnen. Die drei restlichen Freiheitsgrade errechnen sich wie bei der ersten beschriebenen Methode.

5.2.3 Werkzeugkoordinatensystem und Werkzeugkorrektur

Über die Lage und Orientierung des Werkzeugkoordinatensystems eines Roboters läßt sich die Stellung des Werkzeuges im Raum eindeutig beschreiben. Dazu wird im allgemeinen das fest mit der letzten Achse des Roboters verbundene Werkzeugkoordinatensystem vom Basiskoordinatensystem aus durch einen dreidimensionalen Vektor sowie durch drei Orientierungswinkel beschrieben. Die Orientierungswinkel sind üblicherweise Kardanwinkel, teilweise auch Eulerwinkel *(Hütte 1989, S. E3)*. Oftmals werden jedoch andere Definitionen vom Steuerungshersteller benutzt, die sich für spezielle Anwendungsfälle besser eignen. Bei 5-Achs-Portalanlagen werden beispielsweise die Winkelstellungen des Bearbeitungskopfes direkt zur Orientierungsbeschreibung verwendet (Abb. 5.14).

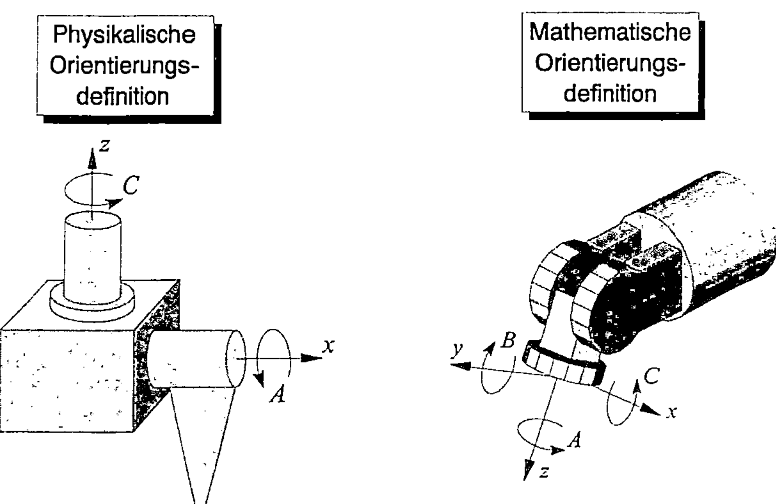

Abb. 5.14: Beschreibungsmöglichkeiten zur Orientierungsdefinition

Bei den mathematisch definierten Orientierungswinkeln läßt sich keine direkte Aussage über die physikalische Position der einzelnen Bewegungsachsen treffen, da diese insbesondere bei Knickarmrobotern mit Mehrdeutigkeiten behaftet sind *(Schwinn & Speicher 1991)*. Neuerdings werden für die Beschreibung der Orientierung bevorzugt Eulerparameter verwendet. Diese vierparametrige Darstellungsweise der Orientierung eines Koordinatensystems basiert auf der Eigenschaft, daß sich jede allgemeine Drehung im Raum durch eine Drehachse und einen zugehörigen Drehwinkel beschreiben läßt. Sie eignet sich insbesondere für Drehungen mit 3 Freiheitsgraden, also dem Standardfall bei Robotern, da sie stets eindeutig ist und keine Singularitäten aufweist *(Hütte 1989, S. E4)*. Eulerparameter sind ein Spezialfall der Quaternionen q, einer Erweiterung der komplexen Zahlenmenge im R^4. Einheitsquaternionen sind identisch mit Eulerparametern, so daß die umfangreichen Rechenregeln der Quaternionen übernommen werden können.

Ein Quaternion ist ein Objekt

$$| a, A \, | \text{ mit } a = \sqrt{1 - A^T A} \, .$$

Vorteile bringt diese Beschreibungsweise von Orientierungen insbesondere aus numerischer Sicht *(Hügel 1993, S. 314-316)*. Eine Erweiterung der Quaternionen führt zu Dualquaternionen, bestehend aus Real- und Dualteil, die nicht nur die Orientierung eines Koordinatensystems beschreiben, sondern auch dessen Lage *(v. Albrichsfeld & Horsch 1992)*.

Basierend auf diesen mathematischen Grundlagen befinden sind derzeit drei Verfahren zur allgemeinen Beschreibung eines Körpers im Raum im Einsatz. Das am weitesten verbreitete Verfahren ist die Beschreibungsweise nach *Denavit & Hartenberg (1955)*. Es handelt sich um eine homogene Transformation, die sich aus einer Rotationsmatrix und einem Vektor zusammensetzt.

$$T = \begin{bmatrix} x_{ex} & y_{ex} & z_{ex} & x_s \\ x_{ey} & y_{ey} & z_{ey} & y_s \\ x_{ez} & y_{ez} & z_{ez} & z_s \\ 0 & 0 & 0 & 1 \end{bmatrix}$$

Sie eignet sich gut für die kinematische Beschreibung allgemeiner Mehrkörpersysteme, besitzt jedoch Nachteile bei der Berechnung kinetischer Größen. Daher wird als weiteres Verfahren von *Pfeiffer & Reithmeier (1987, S. 27-36)* eine rekursive Beschreibungsform mit separaten Rotationsmatrizen und Vektoren vorgeschlagen, die sich unmittelbar für Kräfte- und Momentenberechnungen basierend auf Impuls- und Drallsatz einsetzen läßt. Die dritte Beschreibungsform basiert auf den oben erwähnten Dualquaternionen, die insbesondere numerische Vorteile bieten und sich auch für die Formulierung kinetischer Problemstellungen eignen.

Aus Gründen der Anschaulichkeit und im Hinblick auf kinetische Aufgabenstellungen wird im folgenden die zweite hier beschriebene Darstellungsform mit separaten Matrizen und Vektoren gewählt.

Bei Orientierungsänderungen im Raum muß von der Steuerung des Handhabungssystems dafür gesorgt werden, daß während der Roboterbewegung der Arbeitspunkt stets mit hoher Genauigkeit entlang der Sollbahn geführt wird. Bei einer allgemeinen dreidimensionalen Bewegung müssen zusätzlich zur Werkzeugverschiebung auch definierte Werkzeugdrehungen durchgeführt werden. Die Änderung der Orientierung längs der Bahn läßt sich über unterschiedliche Interpolationsarten realisieren (vgl. Abb. 5.15). Allen gemeinsam ist jedoch, daß die Werkzeugspitze der vorgegebenen Bahn dabei mit bestmöglicher Genauigkeit folgt.

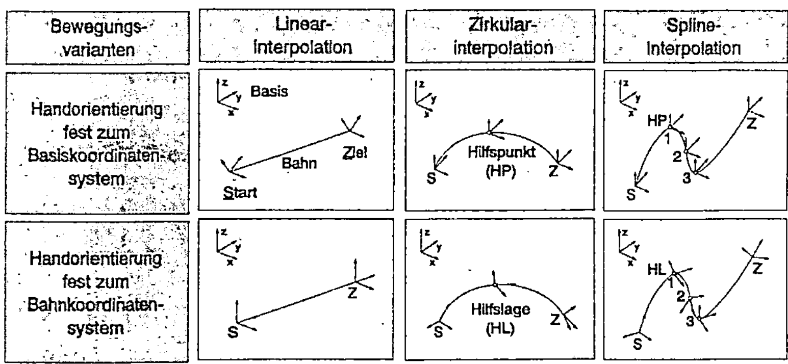

Abb. 5.15: Gängige Orientierungsinterpolationsverfahren für die Bahnbewegung

Um dies zu realisieren, muß eine Verschiebung des Handkoordinatensystems vom Handgelenk zur Werkzeugspitze - allgemein als Werkzeugkorrektur bezeichnet - eingeführt werden. Sie beschreibt die Lage der Werkzeugspitze relativ zum Ursprung des Roboterhandflanschkoordinatensystems und wird als 3D- oder als 6D-Korrektur ausgeführt. Die 3D-Korrektur beschreibt dabei nur die Verschiebung des Roboterhandflanschkoordinatensystems zur Werkzeugspitze, die 6D-Korrektur erlaubt neben der Verschiebung auch eine Verdrehung des Koordinatensystems, was Vorteile beim manuellen Programmieren des Handhabungsgerätes, dem Teach-In, bringen kann. Abb. 5.16 zeigt die Definition einer 3D-Werkzeugkorrektur über Zylinderkoordinaten mit Werkzeugträgerlänge T, Werkzeuglänge L und Drehwinkel D. Da die Genauigkeit der Werkzeugkorrektur für die 3D-Konturverfolgung aufgrund der Werkzeugorientierungsänderungen von großer Bedeutung ist, sollen im Anschluß verschiedene

Verfahren zur Vermessung und Berechnung der Werkzeugkorrektur vorgestellt und untersucht werden.

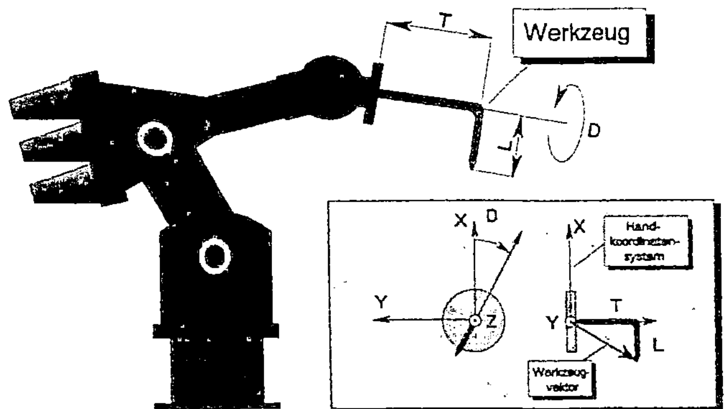

Abb. 5.16: Definition einer Werkzeugkorrektur in Zylinderkoordinaten

Das einfachste Verfahren zur Werkzeugkorrekturermittlung besteht darin, die Koordinaten aus den Werkzeugkonstruktionszeichnungen zu entnehmen, was jedoch aufgrund von Fertigungs- und Montagetoleranzen häufig zu größeren Fehlern führt. Ein ebenfalls einfaches Verfahren basiert darauf, einen Raumpunkt sowohl ohne als auch mit Werkzeug anzufahren und den Differenzvektor zu bestimmen *(Nayak & Ray 1993, S. 60-64).* Oftmals ist es jedoch nicht möglich, das Werkzeug vom Handhabungsgerät zu trennen, so daß dieses Verfahren ausscheidet, zumal auch hier üblicherweise große Meßfehler auftreten.

Die Werkzeugkorrektur läßt sich jedoch auch über ein indirektes Meßverfahren ermitteln, indem ein Raumpunkt in mindestens drei verschiedenen Orientierungen mit der Werkzeugspitze angefahren wird (Abb. 5.17).

Dazu betrachtet man die Vektorkette, die vom Basiskoordinatensystem zum Handwurzelpunkt zeigt und von dort über die Werkzeugkorrektur zum Meßpunkt führt. Es ergibt sich folgende Vektorgleichung:

$$\overline{p} = \overline{r} + \overline{w}$$

Es handelt sich um eine Gleichung mit zwei Unbekannten. Wird derselbe Punkt über eine andere Orientierung angefahren, erhält man das Gleichungssystem:

$$^{1}\overline{p} = {}^{1}\overline{r} + {}^{1}\overline{w}$$

$$^{2}\overline{p} = {}^{2}\overline{r} + {}^{2}\overline{w}$$

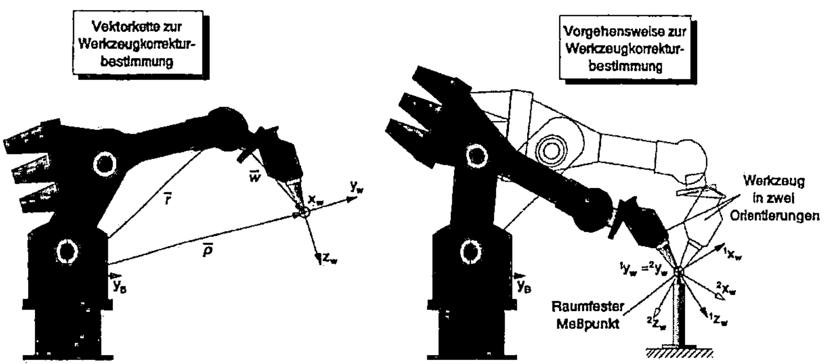

Abb. 5.17: Meßspitze wird über verschiedene Orientierungen angefahren

Um dieses Gleichungssystem zu lösen, müssen die Vektorgleichungen in jeweils drei skalare Gleichungen umgewandelt werden, die sich auf ein Koordinatensystem beziehen. Dazu bietet sich das Basiskoordinatensystem an. Der Werkzeugkorrektur-vektor $\overline{w}$ besitzt eine konstante Komponentendarstellung im Roboterhandkoordinatensystem. Er muß daher mit Hilfe der Transformationsmatrix T_{bw} ins Basiskoordinatensystem transformiert werden. Es ergibt sich

$$^1_b\overline{p} = {}^1_b\overline{r} + {}^1T_{bw}\, ^1_w\overline{w}$$

$$^2_b\overline{p} = {}^2_b\overline{r} + {}^2T_{bw}\, ^2_w\overline{w}$$

Aufgrund der Identität von $^1_b\overline{p}$ und $^2_b\overline{p}$ sowie $^1_w\overline{w}$ und $^2_w\overline{w}$ lassen sich die Gleichungen subtrahieren und man erhält

$$_w\overline{w} = (\,^1T_{bw} - {}^2T_{bw}\,)^{-1} * (\,^2_b\overline{r} - {}^1_b\overline{r}\,)$$

Die drei matrixbildenden Spaltenvektordifferenzen liegen aufgrund ihrer Berechnung aus Drehmatrizen in einer Ebene, so daß sie linear abhängig sind, was bedeutet, daß die Matrix nicht invertierbar ist (Abb. 5.18).

Einen Ausweg liefert die Einbeziehung einer dritten Gleichung, d.h. der Punkt wird in einer dritten Orientierung angefahren, was schließlich zu folgender Formel führt:

$$_w\overline{w} = (\,^1T_{bw} + {}^2T_{bw} - 2*^3T_{bw}\,)^{-1} * (\,2*^3_b\overline{r} - {}^2_b\overline{r} - {}^1_b\overline{r}\,)$$

Die hierin enthaltene Matrix läßt sich invertieren, der Werkzeugvektor $\overline{w}$ berechnen. Die Gleichung enthält jedoch eine Asymmetrie bezüglich der Gewichtung der Meßwerte. Da jeder Meßpunkt gleichwertig ist, führt dieser Ansatz zu einer Übergewichtung des dritten Meßwertes. Permutiert man die Indizes der Gleichung, erhält man somit üblicherweise drei unterschiedliche Ergebnisse für den Werkzeugkorrekturvektor. Weichen die drei Lösung stark voneinander ab, wurde die Werkzeugvermessung nicht genau genug durchgeführt und muß wiederholt werden. Um schließlich zur endgültigen Werkzeugkorrektur zu gelangen, wird der Mittelwert aus den drei Lösungen gebildet. Zur Erhöhung der Genauigkeit können mehr als drei Meßpunkte ermittelt werden und entweder permutierend mit der obigen Formel oder mit der symmetrischen Vierpunktformel

$$_w\bar{w} = (\ ^1T_{bw} + \ ^2T_{bw} - \ ^3T_{bw} - \ ^4T_{bw})^{-1} * (\ ^4\bar{_b r} + \ ^3\bar{_b r} - \ ^2\bar{_b r} - \ ^1\bar{_b r})$$

die Werkzeugkorrekturvektoren berechnet und gemittelt werden.

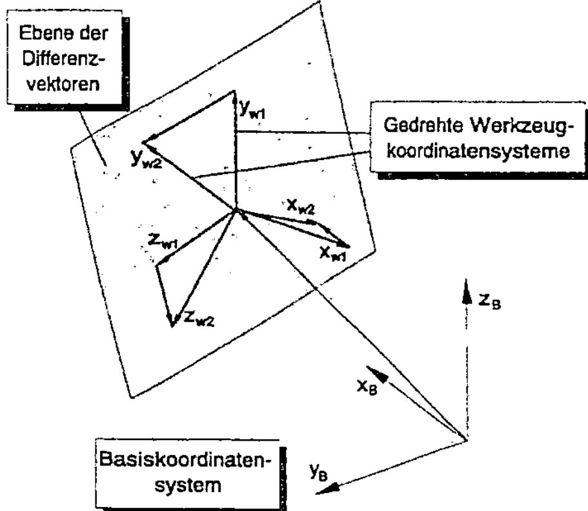

Da die Genauigkeit der Werkzeugkorrektur von zentraler Bedeutung für eine genaue Bahnführung und darüber hinaus von besonderer Bedeutung für die inverse Kinematik ist (Kap. 5.5.2), wurden im Rahmen dieser Arbeit auf Basis des Verfahrens nach Abb. 5.17 zwei weitere Ansätze zur Berechnung der Werkzeugkorrektur entwickelt und alle drei Verfahren auf ihre Eignung hin untersucht.

Abb. 5.18: Von zwei orthonormierten Koordinatensystemen aufgespannte Ebene

Der obige analytische Ansatz erlaubt die Berechnung eines gemittelten Wertes eines überbestimmten Gleichungssystems. Ziel soll es jedoch sein, die optimale Werkzeugkorrektur zu erhalten. Dazu wurde das Gaußsche Normalengleichungsverfahren herangezogen *(Bronstein & Semendjajew 1985, S. 787)* und auf die oben hergeleitete Drei- bzw. Vierpunktformel angewendet. Es basiert auf dem Optimierungsverfahren der minimalen Fehlerquadrate und läßt sich einfach auf überbestimmte Gleichungssysteme anwenden, wenn, wie hier, jede Gleichung denselben Informationsgehalt und dieselbe Gewichtung enthält. Dazu wird das Gleichungssystem mit der transponierten Systemmatrix von links multipliziert. Die Systemmatrix erhält man hier, indem man die jeweils drei skalaren Gleichungen der Vierpunktformel in folgender Form

$$(\, ^1T_{bw} + \, ^2T_{bw} - \, ^3T_{bw} - \, ^4T_{bw}) * {}_w\overline{w} = (\, ^4 {}_b\overline{r} + \, ^3 {}_b\overline{r} - \, ^2 {}_b\overline{r} - \, ^1 {}_b\overline{r})$$

mit allen Meßwerten permutiert berechnet und untereinander reiht. Vereinfacht läßt sich dieses System folgendermaßen darstellen:

$$A * \overline{w} = \overline{r}$$

Wendet man den Formalismus für die Normalengleichungen an, erhält man

$$A^T A * \overline{w} = A^T \overline{r}$$

und daraus schließlich

$$\overline{w} = (A^T A)^{-1} A^T \overline{r}$$

Im dritten Ansatz wird eine numerische Optimierung auf Basis der Gradientenmethode angewandt. Dazu wird als Zielfunktion die Summe der Abstände der Raumpunkte herangezogen, die entstehen, wenn eine konstante Werkzeugkorrektur angenommen wird und diese in die Vorwärtstransformation für die Meßpunkte eingesetzt wird.

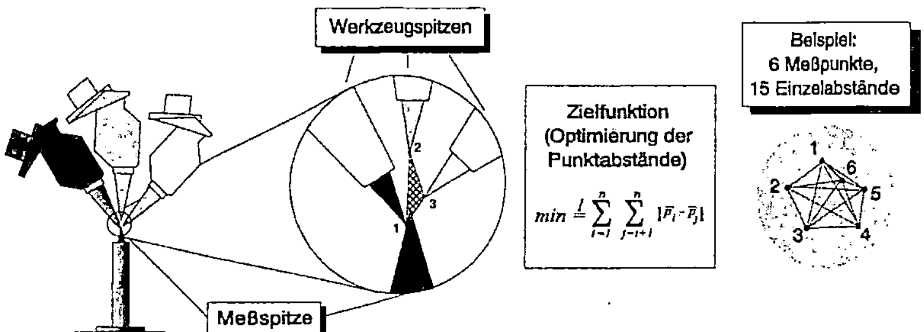

Abb. 5.19: Definition der Zielfunktion für ein Optimierungsverfahren zur Werkzeugkorrekturermittlung

Für den Fall von drei Meßpunkten entspricht die Zielfunktion dem Umfang des durch die drei Punkte aufgespannten Dreiecks (Abb. 5.19). Die Aufgabe besteht nun darin, diese Zielfunktion zu minimieren. Der Wert der Zielfunktion läßt dann auch eine Aussage über der vorhandenen Fehler zu. Das nach der Gradientenmethode arbeitende Optimierungsverfahren konvergiert selbst bei weit vom Endwert entfernten Startparametern. Es bedient sich gleichzeitig einer adaptiven Schrittweitenanpassung, so daß das Minimum bereits nach wenigen Berechnungen gefunden wird. Abb. 5.20 zeigt den Verlauf der Optimierung anhand der halblogarithmischen graphischen Darstellung des Zielwertverlaufes.

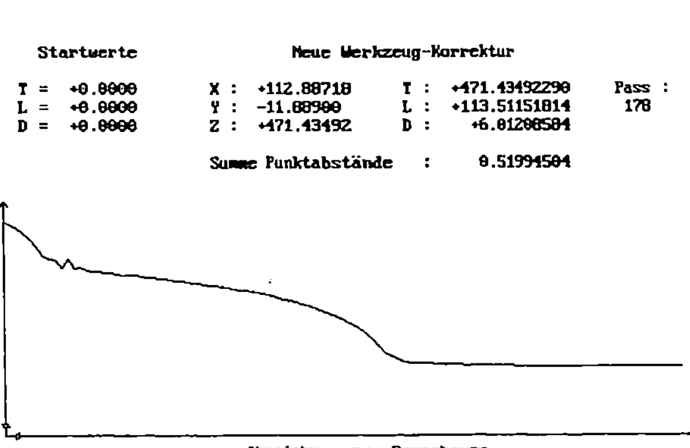

Abb. 5.20: Konvergenzverhalten des Optimierungsprogramms

Eine Untersuchung der drei alternativen Verfahren ergab, daß das direkte Verfahren mit Hilfe der arithmetischen Mittelung das schlechteste Ergebnis liefert. In Tabelle 5.1 werden alle Verfahren einander gegenübergestellt und die Güte der berechneten Werkzeugkorrektur über den minimalen und den maximalen sowie den gemittelten Punktabstand aller errechneten Meßpunktpositionen verglichen.

Die Meßpunkte für die ersten beiden Blöcke in Tabelle 5.1 werden mit bereits in der Robotersteuerung eingestellter und somit bekannter Werkzeugkorrektur durch unterschiedliche Werkzeugorientierungen mit dem Roboter ermittelt, so daß theoretisch alle Verfahren dieselben Koordinaten für die Werkzeugkorrektur liefern müßten, wie sie in der Steuerung programmiert wurden. Für die beiden unteren Blöcke in Tabelle 5.1 wird ein raumfester Meßpunkt mit der Werkzeugspitze in unterschiedlichen Orientierungen angefahren. Auffallend ist, daß selbst die exakte Werkzeugkorrektur zu Fehlern führt, was sich auf Rechenungenauigkeiten in der Robotersteuerung zurückführen läßt. Betrachtet man insbesondere den gemittelten Fehler, zeigt sich, daß das erste Verfahren sowohl mit der Drei- als auch mit der Vierpunktformel deutlich schlechter ist als die beiden optimierenden Verfahren. Dies wird besonders deutlich, wenn man das Ergebnis der gemessenen Werkzeugkorrektur betrachtet, dessen Punkte durch Meßfehler einerseits und physikalische Effekte wie Gelenkspiel und -elastizitäten andererseits beeinflußt sind. Die optimierenden Verfahren liegen in diesem Fall um den Faktor 6 bis 9 besser. Betrachtet man die Güte der Werkzeugkorrektur zusätzlich in Abhängigkeit von der Anzahl der Meßpunkte, so ist in allen Fällen das beste Ergebnis mit der größten Anzahl von Meßpunkten erreicht worden.

Vergleich verschiedener Berechnungsverfahren für die Werkzeugkorrektur

Berechnungsart:	Träger-länge (T)	Werkzeug-länge (L)	Dreh-winkel (D)	kleinster Fehler	größter Fehler	mittlerer Fehler
7 Meßpunkte mit konstanter WZK von T= 471.5, L=113.5 und D=6.0						
Exakt:	471,5000	113,5000	6,0000	0,0203	0,2211	0,1329
3-Punkt-Methode, gemitt.:	471,3564	114,1431	6,0378	0,1463	1,2151	0,5899
4-Punkt-Methode, gemitt.:	471,6440	113,3728	6,0779	0,0848	0,3802	0,2153
3-Punkt-Gauß:	471,5194	113,4860	6,0299	0,0399	0,2085	0,1208
4-Punkt-Gauß:	471,5194	113,4860	6,0299	0,0399	0,2085	0,1208
Numerisch optimiert	471,5170	113,4846	6,0305	0,0381	0,2105	0,1210
4 Meßpunkte mit konstanter WZK von T= 471.5, L=113.5 und D=6.0						
3-Punkt-Methode, gemitt.:	471,4499	113,5590	6,0163	0,0448	0,2724	0,1544
4-Punkt-Methode, gemitt.:	472,4935	113,1206	6,1522	0,3118	1,7415	1,0995
3-Punkt-Gauß:	471,5181	113,5144	6,0237	0,0441	0,2066	0,1233
4-Punkt-Gauß:	471,5181	113,5144	6,0237	0,0441	0,2066	0,1233
Numerisch optimiert	471,5235	113,5058	6,0250	0,0394	0,1893	0,1219
Meßpunkt mit Werkzeugspitze in 7 Orientierungen angefahren						
3-Punkt-Methode, gemitt.:	476,5634	109,8951	8,4870	1,6858	9,8922	5,0845
4-Punkt-Methode, gemitt.:	464,6307	117,2158	2,1988	1,5608	13,1328	6,8675
3-Punkt-Gauß:	471,3575	113,2177	5,9023	0,2196	1,5961	0,7972
4-Punkt-Gauß:	471,3575	113,2177	5,9023	0,2196	1,5961	0,7972
Numerisch optimiert	471,3646	113,3175	5,9358	0,2204	1,6091	0,7912
Meßpunkt mit Werkzeugspitze in 4 Orientierungen angefahren						
3-Punkt-Methode, gemitt.:	472,0399	113,8895	5,7799	0,2731	2,3138	1,1514
4-Punkt-Methode, gemitt.:	471,9515	113,6385	6,1510	0,1050	1,8476	0,9950
3-Punkt-Gauß:	471,4788	113,6321	6,1305	0,1380	2,0357	0,8946
4-Punkt-Gauß:	471,4788	113,6321	6,1305	0,1380	2,0357	0,8946
Numerisch optimiert	471,5055	113,6475	6,1556	0,0968	2,0746	0,9164

Tabelle 5.1:Vergleich der verschiedenen Berechnungsverfahren für die Werkzeugkorrektur

5.2.4 Basiskoordinatensystem

Das Basiskoordinatensystem des Roboters, oftmals ungenau auch als Inertialsystem bezeichnet *(Orear 1982, S. 59)*, befindet sich relativ zu seiner Umgebung in Ruhe. Es bildet damit die Basis oder Referenz für die Beschreibung der Werkzeugposition im Raum. Das Basiskoordinatensystem läßt sich in allen sechs Freiheitsgraden im Raum verschieben und verdrehen. Diese sogenannte Nullpunktkorrektur erlaubt ein Verschieben bestehender Roboterprogramme und kann somit zur Positionskorrektur bei veränderlicher Bauteillage genutzt werden *(Schwarz 1993)*. Ein Beispiel hierfür ist das Vermessen von Automobilkarossen oder Teilen davon, um die teilweise großen Positioniertoleranzen der Förderanlagen in den mit mehreren Robotern hochautomatisierten Bearbeitungsstationen auszugleichen *(Roboter 1992)*. Die Positionskorrektur kann als Vorstufe der Konturverfolgung betrachtet werden, da auch hier Programm-korrekturen aufgrund von Sensormeßwerten durchgeführt werden. Auf Bauteilab-weichungen selbst kann durch einfache Positionskorrekturen jedoch nicht reagiert werden.

5.2.5 Werkstückkoordinatensystem

Das letzte in diesem Zusammenhang bedeutsame Koordinatensystem ist das Werk-stückkoordinatensystem. Da es sich um ein körperfestes Koordinatensystem handelt, lassen sich Punkte und Bahnen auf dem Werkstück in diesem Koordinatensystem am einfachsten beschreiben. Liegt das Werkstück ruhend in der Bearbeitungsstation, lassen sich die Koordinaten der Punkte und Bahnen durch eine konstante Transfor-mation in das Basiskoordinatensystem zurückführen, was die Generierung von Be-wegungsvorgaben für die Handhabungsmaschine sehr vereinfacht.

Bewegt sich das Werkstück, erlaubt die Überlagerung bestehender Bewegungspro-gramme mit Werkstückpositionsangaben im Fall von Translationen eine kontinuier-liche Positionskorrektur oder Conveyersynchronisation *(Dirndorfer 1993)*.

Im Fall beliebiger räumlicher Bewegungen des Werkstückes, wie sie bei der inversen Kinematik (Kap. 5.5) auftreten, besteht eine konstante Transformation zwischen Roboterhandflansch- und Werkstückkoordinatensystem, was bei den meisten kon-ventionellen Steuerungen zu Problemen aufgrund veränderlicher Werkzeugkorrektu-ren führt.

Analog zum festen Werkstückkoordinatensystem erlaubt ein konturbegleitendes Werkstückkoordinatensystem eine einfachere Beschreibung des Werkzeuges relativ zur Bearbeitungsstelle. Die Lage und Orientierung des Bearbeitungswerkzeuges ist in diesem Koordinatensystem konstant. Aus diesem Grund besitzen Robotersteue-rungen oftmals Sensorfunktionen, die bahnbegleitende Koordinatensysteme zur Bahnkorrektur nutzen *(Siemens 1988)*.

5.3 Statische und dynamische Robotereigenschaften

Industrieroboter werden im allgemeinen durch einsatzspezifische Kenngrößen, wie sie in der VDI-Richtlinie 2861 definiert sind, beschrieben (Abb. 3.8). Die Güte dieser Kenngrößen bildet sich unmittelbar in der Bearbeitungsqualität ab. Obgleich ein Sensorsystem verschiedene Schwächen eines Roboters hinsichtlich einiger Ge-nauigkeitskenngrößen ausgleichen kann, ist es nicht in der Lage, eine ungenaue, nachgiebige Mechanik und schlechte Lageregelkreise zu kompensieren. Hier kann es im Gegenteil das System eventuell sogar zu Schwingungen anregen. Da insbesondere die Genauigkeit des Roboters sowie seine dynamischen Eigenschaften wesentlich zum Verhalten des Gesamtsystems beitragen, sollen diese im Anschluß genauer untersucht werden.

5.3.1   Positioniergenauigkeit

Die Positioniergenauigkeit gibt die maximale Abweichung der Lage der Werkzeugspitze von den absoluten Werten an *(Kreuzer u. a. 1994, S. 228)*. Sie ist insbesondere für Off-Line Programmiersysteme von großer Bedeutung, da diese absolute Koordinatenwerte liefern, die von der betreffenden Zielanlage mit der Positioniergenauigkeit angefahren werden können *(Bauer & Trunzer 1994)*. Darüber hinaus ist eine hohe Positioniergenauigkeit auch für die sensorgestützte Konturverfolgung von Bedeutung. Insbesondere beim Einsatz der inversen Kinematik ist die Konstanz der Werkzeugposition im Roboterkoordinatensystem über den gesamten Arbeitsraum von großer Bedeutung für die Qualität der Konturverfolgung und somit auch für die Qualität des Bearbeitungsergebnisses (siehe Kap. 5.5.2).

Haupteinflußgrößen für die Positioniergenauigkeit sind:

- Fertigungstoleranzen

- thermische Ausdehnungen

- Kalibrierungsfehler

- Getriebeübertragungsfehler

- Elastizitäten

- Meß-, Rechen- und Regelungenauigkeiten

Diese Fehlergrößen führen zu einer Deformation des Maschinenkoordinatensystems gegenüber einem mathematisch exakten, orthogonalen Koordinatensystem. Um die Deformationen zu quantifizieren, wurden Meßpunkte in einem Raster von 100 mm mit einem an der Roboterhand befestigten optischen Abstandssensor angefahren und in X-, Y- und Z-Koordinaten vermessen. Abb. 5.21 zeigt die Deformation des Koordinatensystems eines Knickarmroboters für den unbelasteten und den mit 25 kg belasteten Roboter in der X-Y-Ebene. Die Z-Koordinate verschiebt sich durch die Lasteinwirkung um ca. 2 mm. In der Abbildung ist das exakte Koordinatennetz gestrichelt dargestellt, die verschobenen Netzpunkte des Maschinenkoordinatensystems mit durchgehenden Linien. Die Verschiebung der Netzpunkte wurde um den Faktor 50 verstärkt, um die Deformation deutlich zu machen. Obwohl es sich in

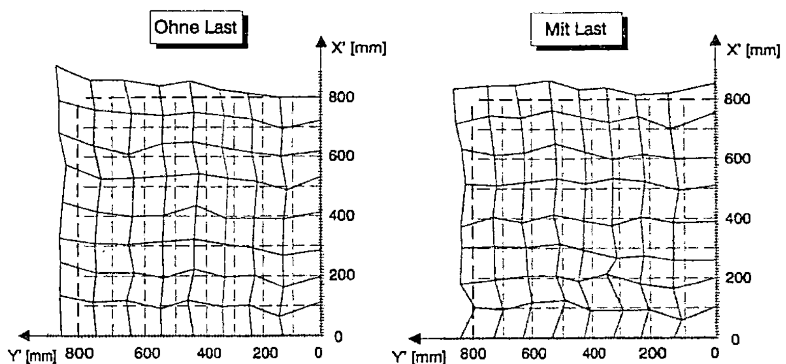

Abb. 5.21: Lastabhängiges deformiertes Roboterkoordinatensystem

erster Linie um systematische Fehler handelt, sind diese aufgrund der kinematischen Baumstruktur so stark miteinander verknüpft, daß keine Gesetzmäßigkeiten erkannt werden können. Im Fall des hier untersuchten Roboters ergeben sich in erster Näherung Verschiebungen zu größeren Koordinaten. Dies führt dazu, daß der Roboter real eine größere Strecke zurücklegt, als vorgegeben. Ansätze zur Kompensation systematischer Roboterfehler werden von *Schröer (1993)* beschrieben.

Portalroboter sind hinsichtlich der Positioniergenauigkeit Knickarmrobotern in der Regel deutlich überlegen. Die Ursache liegt in der Positionsbestimmung der Grundachsen, die maßgeblich die Positioniergenauigkeit beeinflussen. Bei Portalrobotern werden üblicherweise direkte Wegmeßsysteme für die Linearachsen eingesetzt, bei Knickarmrobotern wird die Achsstellung indirekt an der Motorwelle vermessen (Abb. 5.22).

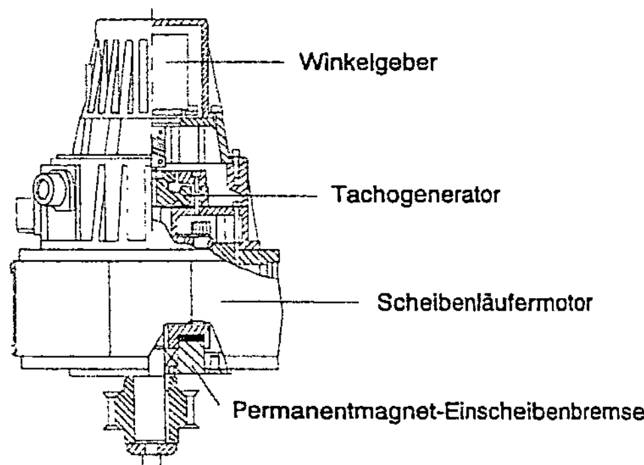

Abb. 5.22: Die Winkelmeßeinheit befindet sich auf der vom Getriebe abgewandten Seite der Motorwelle

Die indirekte Weg-/Winkelmessung kann Getriebeelastizitäten und -übertragungsfehler sowie das Getriebespiel nicht erfassen und somit auch nicht berücksichtigen. Diese Abweichungen zwischen Soll- und Istposition erzeugen insbesondere durch die langen Hebelarme der Grundachsen große Fehler.

In Abb. 5.23 zeigt die Tabelle die Getriebesteifigkeit der einzelnen Achsen und das ermittelte Umkehrspiel. Deutlich ist zu erkennen, daß die Steifigkeit der Grundachsen teilweise um den Faktor 10 höher ist als die der Handachsen (Abb. 5.23 unten) und das Gelenkspiel der Handachsen um etwa 1.6 größer ist, was die große Umkehrspanne erklärt.

Roboter-achse	Gelenksteifigkeit [Nm/°]	Gelenkspiel [°]
1	32000	0.017
2	13500	0.018
3	10000	0.016
4	2000	0.024
5	2000	0.026
6	670	0.032

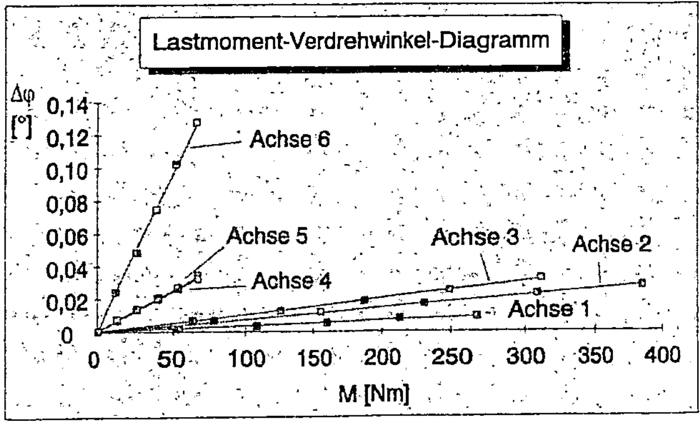

Abb. 5.23: Unterschiedliche Spiele und Steifigkeiten der Roboterachsgetriebe

Zur Abschätzung der Abweichungen aufgrund der Getriebeelastizität im Vergleich zur gesamten Strukturelastizität wurde eine Vergleichsmessung durch schrittweise Belastung des Roboters durchgeführt und dabei die Verschiebung des Arbeitspunktes erfaßt. Abb. 5.24 zeigt, daß die einzelnen Roboterglieder sehr steif gegenüber den Getrieben aufgebaut sind und beim Aufbringen der maximalen Traglast nur mit maximal 10% in die Gesamtabweichung eingehen.

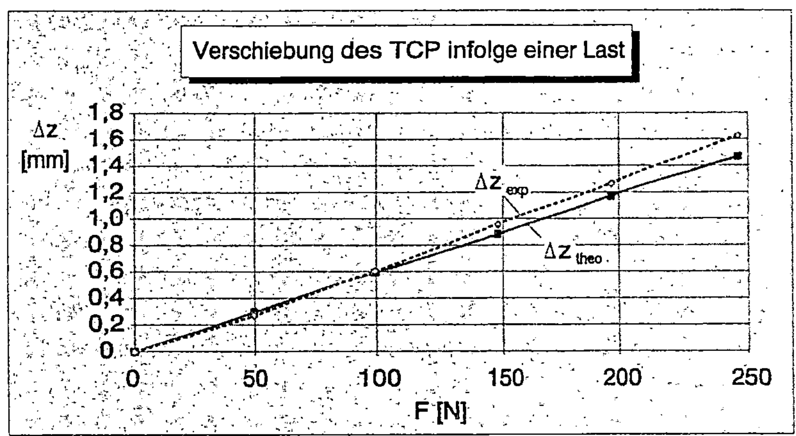

Abb. 5.24: Einfluß der Roboterglieder auf die Gesamtsteifigkeit

Diese Untersuchungsergebnisse belegen damit eindeutig, daß entweder durch die Berücksichtigung der Gravitation und des Getriebespiels oder durch die direkte Weg-/Winkelmessung eine deutliche Verbesserung der Positioniergenauigkeit erzielt werden kann. Werden in einem weiteren Schritt die thermischen Längenänderungen in den Transformationen berücksichtigt, können Knickarmroboter Positioniergenauigkeiten erreichen, die nahe an die genauer Portalroboter heranreichen; sie sind dann jedoch um ein Vielfaches teurer.

5.3.2   Wiederholgenauigkeit

Die Wiederholgenauigkeit beschreibt den maximalen Unterschied beim Anfahren von Raumpunkten und Orientierungen bei sich wiederholenden gleichen Bedingungen *(Kreuzer u. a. 1994, S. 228)*. Sie ist bei Knickarmrobotern um ca. eine Zehnerpotenz besser als die Positioniergenauigkeit. Die hier auftretenden Abweichungen sind in erster Linie auf thermische Einflüsse, die Auflösung der Meßaufnehmer der Achsen mit den zugehörigen Regelkreisen sowie die durch die Reibung verursachten Stick-Slip-Effekte zurückzuführen. Die Wiederholgenauigkeit heutiger Standardroboter liegt im Bereich von 0.1 bis 0.2 mm.

Die Wiederholgenauigkeit ist ein Maß für die maximal mit einem Roboter erreichbare Gesamtgenauigkeit, da sie insbesondere den zufälligen Fehlern unterliegt. Das bedeutet, daß ein System, bestehend aus Konturfolgesensor und Roboter, als Gesamtgenauigkeit bestenfalls die Wiederholgenauigkeit des Roboters erreichen kann. Daher ist eine Verbesserung der Sensorauflösung, die ca. zwei bis vier Mal höher sein sollte als die Wiederholgenauigkeit des angeschlossenen Roboters, nur dann sinnvoll, wenn auch dessen Wiederholgenauigkeit gesteigert werden kann.

Die derzeit erreichbare Gesamtgenauigkeit beim Bahnfahren eines Robotersystems mit Konturfolgesensor liegt in der Größenordnung der ein- bis zweifachen Wiederholgenauigkeit, was Messungen bestätigen (Kap. 6.2.3).

5.3.3 Dynamische Eigenschaften

Die vielfach unzureichenden dynamischen Eigenschaften heutiger Industrieroboter begrenzen die Einsatzbereiche für die Bahnbearbeitung an komplizierten Geometrien. Insbesondere bei Anwendungen, die gleichzeitig hohe Genauigkeiten und große Vorschubgeschwindigkeiten erfordern, tritt diese Problematik deutlich hervor. Dies gilt verstärkt beim Einsatz von Konturfolgesensoren, die die Bahn On-Line erzeugen und somit eine vorausschauende Bahnplanung, wie sie in einer Vielzahl von Robotersteuerungen implementiert ist, zumindest erschweren. Abhilfe können neben neuen Antriebsstrukturen insbesondere neue Regelungsalgorithmen schaffen, denen ein mathematisches Modell der gesamten elektro-mechanischen Struktur zugrunde liegt.

Aus der Sichtweise der klassischen Mechanik handelt es sich bei Industrierobotern um elastische Mehrkörpersysteme mit eingeprägten Kräften und Momenten; ihr Verhalten läßt sich daher durch Bewegungsgleichungen beschreiben. In der Praxis kommen sowohl das auf den Energien des Systems beruhende analytische Verfahren nach Lagrange als auch die synthetische Methode nach Newton-Euler, aufbauend auf Impuls- und Drallsatz, zur Anwendung. Die Newton-Euler-Methode erlaubt eine ingenieurmäßige Analyse des Systems und soll daher im folgenden näher betrachtet werden.

Dazu wird das System freigeschnitten und alle äußeren Kräfte eingetragen. Die Summe der äußeren Kräfte und Momente zerfällt jeweils in eingeprägte Kräfte und Momente, z.B. Antriebsstellmomente oder Federkräfte, und Reaktionskräfte und -momente. Auf jeden Einzelkörper i des Systems sind die Impuls- und Drallsätze anzuwenden.

$$m_i\, a_i = f_i, \quad i = 1, \ldots, p$$

$$I_i\, \dot{\omega}_i + \omega_i{}^T I_i\, \omega_i = l_i, \quad i = 1, \ldots, p$$

Darin sind m_i die Masse, I_i der Trägheitstensor, a_i die Beschleunigung, ω_i die Winkelgeschwindigkeit, $\dot{\omega}_i$ die Winkelbeschleunigung, f_i die Summe aller äußeren Kräfte und l_i die Summe aller äußeren Momente jeweils für den Körper i. Sollen für die Modellbildung beispielsweise die Elastizitäten der Getriebe mit abgebildet werden, ergibt sich an jedem Gelenk ein weiterer Freiheitsgrad, der über ein Feder-Dämpfer-Element eine Kraftkopplung darstellt.

Die einzelnen Gleichungen können zusammengefaßt werden und führen zu folgender Vektordifferentialgleichung:

$$M(y,t)\ddot{y} + k(y,\dot{y},t) = q^e(y,\dot{y},t) + Q(y,t)g$$

Darin ist $M(y,t)$ die orts- und zeitabhängige Massenmatrix, $k(y,\dot{y},t)$ die Abkürzung für die orts-, geschwindigkeits- und zeitabhängigen Kreisel- und Corioliskräfte, $q^e(y,\dot{y},t)$ der Vektor der eingeprägten Kräfte und $q^r(y,t) = Q(y,t)g$ der Vektor der Reaktionskräfte. Diese globalen Gleichungen beschreiben neben der Dynamik des Manipulators auch die Reaktionskräfte, die im Falle reibungsfreier Gelenke keinen Beitrag zur Bewegung leisten *(Kreuzer u. a. 1994, S. 57 - 66)*.

Die analytische Beschreibung eines solchen Systems für die Auslegung geeigneter Regler ist ausgesprochen aufwendig und für den Einsatz in Standardrobotern weder notwendig noch zielführend, da die für die Regler benötigte Rechenleistung derzeit nicht wirtschaftlich zur Verfügung gestellt werden kann. Eine vollständige Modellierung ist bei Standardrobotern aufgrund der steifen Auslegung sowohl der Struktur als auch der Antriebe nicht erforderlich, da beispielsweise die elastische Deformation einzelner Roboterglieder vernachlässigbar gegenüber den Getriebeelastizitäten ist (vgl. Kap. 5.3.1).

In vielen Fällen führen bereits einfache Regelungskonzepte auf der Basis der entkoppelten Einzelgelenk-Regelung *(Pfeiffer & Reithmeier 1987, S. 236 - 238)* zu einem akzeptablen Bahnverhalten. Voraussetzung dafür sind stark dimensionierte, steife Antriebe, wie sie heute nahezu ausschließlich eingesetzt werden. Der Entwicklung von hochdynamischen Leichtbaurobotern, beispielsweise für Anwendungen im Weltraum, ist es zu verdanken, daß mehr und mehr auch bei Standardrobotern komplexere Regelungsverfahren eingesetzt werden, die die Bewegungsgleichungen eines starren Mehrkörpersystems in Form des inversen Modells berücksichtigen. Die Bereitstellung dieser Technologie führt wiederum zu optimierten Roboterkonstruktionen, insbesondere hinsichtlich der Masse und Trägheit, was kombiniert mit den neuen Regelungskonzepten zu besseren dynamischen Eigenschaften und höheren Bahngeschwindigkeiten und -genauigkeiten führt.

5.3.4 Bahngenauigkeit

Die Bahngenauigkeit eines Industrieroboters gibt an, mit welcher Genauigkeit programmierte Bahnkurven bei Nennlast nachgefahren werden können. Charakteristische Größen zur Angabe der Bahngenauigkeit sind der mittlere Bahnabstand und der mittlere Bahnstreubereich beim Fahren einer geraden Bahn, ferner die mittlere Bahnradiusdifferenz beim Fahren entlang eines Kreises sowie der mittlere Eckenfehler und der mittlere Überschwingfehler beim Fahren einer rechtwinkligen Ecke ohne programmierten Zwischenhalt (Abb. 5.25).

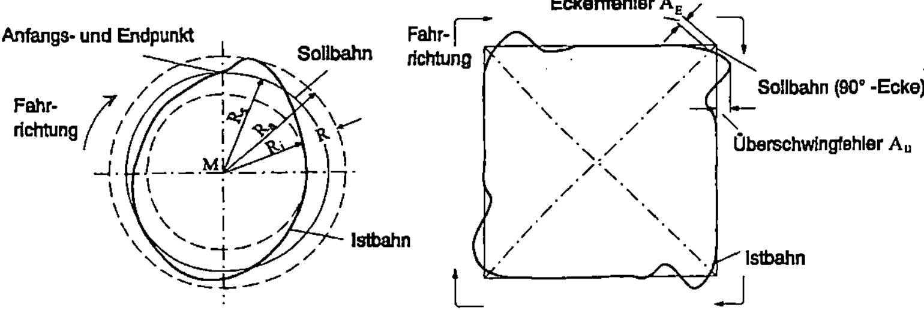

Abb. 5.25: Beschreibung von Bahnfehlern bei Industrierobotern

Bei der Bahngenauigkeit überlagern sich die statischen und die dynamischen Eigenschaften eines Roboters. Auch hier gilt, daß die Bahngenauigkeit stets schlechter ist als die Wiederholgenauigkeit, da die Regler den Einschwingvorgang nicht abschließen können, bevor die nächste Sollwertvorgabe an den Regelkreis übertragen wird. Als Ergebnis stellt sich bei konventionellen Steuerungen mit P-, PD- oder PID-Reglern ein geschwindigkeitsabhängiger Schleppabstand ein, der bei zunehmender Bahngeschwindigkeit zu größeren Bahnabweichungen führt. Das hat zur Folge, daß Bahnen, deren Stützpunkte nach dem Teach-In-Verfahren im quasistationären Zustand, also mit eingeschwungenen Roboterachsen, erzeugt wurden, beim Ausführen des Bewegungsprogrammes geschwindigkeitsabhängige Abweichungen aufweisen.

Die Einführung geeigneter Sensorsysteme ermöglicht einen Ausgleich von Unzulänglichkeiten in der Bahngenauigkeit. Unterschieden werden muß dabei zwischen regelnden, also an der Wirkstelle messenden, und steuernden und somit vorlaufenden Sensoren. Regelnde Sensoren ermöglichen eine nahezu vollständige Kompensation eines Bahnfehlers, vorausgesetzt, die Bahngeschwindigkeit ist so niedrig, daß Totzeiten und Schleppfehler vernachlässigbar sind. Aufgrund ihrer regelnden Eigenschaften können sie sogar durch Reversierbewegungen einzelner Achsen verursachte Fehler ausgleichen.

Vorlaufende Sensoren wirken steuernd auf die Bewegungsplanung. Dadurch können Totzeiten berücksichtigt und mittels prädiktiver Regler hohe Bahngenauigkeiten erreicht werden. Probleme bereiten jedoch Reversierbewegungen; um sie zu kompensieren, müssen die auftretenden Fehler für jede Achse bekannt sein und in der Sensorbahnplanung bei jeder Drehrichtungsänderung berücksichtigt werden. Findet dieser Ausgleich nicht statt, erfolgt die Kompensation erst nach Abarbeiten der Vorlaufstrecke, wie in Abb. 5.26 zu erkennen ist.

Bahnbewegung mit Sensorführung

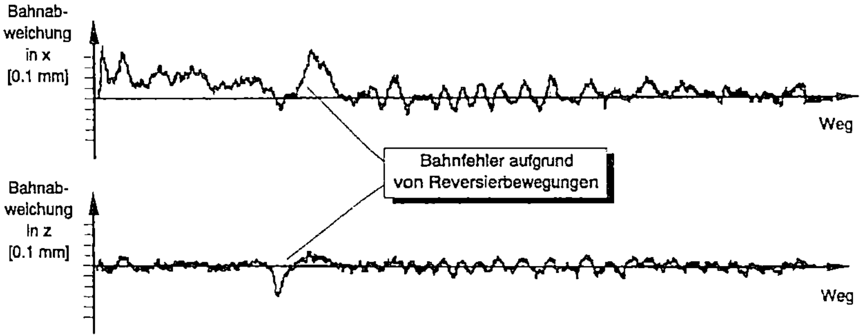

Abb. 5.26: Einfluß reversierender Achsbewegungen auf das Bahnverhalten

5.3.5   Verbesserung der Robotergenauigkeit

Verschiedenste nationale und internationale Institute und Forschungseinrichtungen beschäftigen sich mit der Weiterentwicklung der Robotertechnik, wobei ein Schwerpunkt der Arbeiten auf der Erhöhung der Genauigkeit liegt. Die hierfür eingesetzten Verfahren lassen sich in drei Gruppen untergliedern:

- rein softwaretechnische Lösungen

- Lösungsansätze durch Erfassen zusätzlicher Zustandsgrößen

- konstruktive Lösungen

Bei den rein softwaretechnischen Lösungen werden Steuerungsalgorithmen so erweitert, daß bislang vernachlässigte Komponenten der Bewegungsgleichungen in der Bahnplanung und Regelung berücksichtigt werden. In diese Gruppe fallen die Kalibrierverfahren, die über eine Parameteridentifikation, die sowohl der Vollständigkeit als auch der Minimalität genügen muß, systematische Fehler bei der Roboterbewegung eliminieren *(Schröer 1993, S. 19)*. Die Einführung von Vorfiltern, wie beispielsweise die Geschwindigkeits- oder Beschleunigungsvorsteuerung, führte weiterhin zu einer drastischen Reduzierung der Schleppabstände *(Pritschow u. a. 1992b)*. Adaptive Regelungen oder Zustandsregler führen ebenfalls zu einer Verbesserung des Regelkreisverhaltens *(Zeller & Schönherr 1993)*

Andere Ansätze zur Genauigkeitserhöhung führen über die Erfassung und Berücksichtigung weiterer Meßgrößen. Da die Differenz zwischen tatsächlicher Roboterachsstellung und gemessener Motorstellung beachtliche Größenordnungen erreichen kann, verspricht die direkte, hochaufgelöste Achspositionsvermessung eine deutliche Verbesserung der Positionier- und Bahngenauigkeit wie auch der Wiederholgenauigkeit, die wiederum ein Maß für die mit einem Roboter erzielbare Gesamtgenauigkeit darstellt (Kap. 5.3.2). Versuche mit einem so ausgerüsteten Knickarmroboter und zusätzlicher integrierter Strahlführung für einen Bearbeitungslaser erlaubten eine Kreisbahngenauigkeit mit einer Bahnabweichung von wenigen hundertstel Millimetern, was durch die problemlose Verdrehung eines lasergeschnittenen Kreises in seinem Ausschnittsloch eindrucksvoll demonstriert werden kann. Derselbe Versuch mit konventionellen Robotern scheitert in den meisten Fällen, selbst wenn die vom Laser erzeugte Schnittspaltbreite mit 0.5 mm um den Faktor 5 größer ist als beim obigen Versuchsaufbau. Direkt messende Roboter stellen jedoch hohe Anforderungen an das Reglerkonzept, da die Strecke - der Motor mit dem Getriebe - ein spielbehaftetes, schwingungsfähiges System darstellt, das insbesondere bei hohen Vorschubgeschwindigkeiten zur Instabilität neigt. So kann mit dem oben beschriebenen Roboter nur eine maximale Bahngeschwindigkeit von 6 m/min erreicht werden *(Pritschow u. a. 1994)*.

Neben den fehlerbehafteten Achsstellungen verursachen Temperaturänderungen der Roboterglieder aufgrund ihrer vergleichsweise großen Länge erhebliche Verlagerungen der Achsen. So bewirkt eine durch die Antriebsmotoren eingebrachte realistische Temperaturerhöhung um 25 K eine Längenänderung von 0.6 mm bei einer 1 m langen Aluminiumkonstruktion, bei Stahl 0.3 mm. Insbesondere beim Wiederanlauf benötigen Maschinen teilweise mehrere Stunden, bis sie sich im thermodynamischen Gleichgewicht befinden. Abhilfe können hier an ausgezeichneten Stellen aufgebrachte Temperatursensoren schaffen. Mit ihrer Hilfe können die Temperaturänderungen erfaßt und somit die thermischen Deformationen berechnet werden, die dann in den Transformationen Berücksichtigung finden.

Bei den konstruktiven Maßnahmen stehen an erster Stelle der Einsatz alternativer Materialien für den Aufbau der Roboterglieder, die eine Gewichtsersparnis bei gleichzeitigem Steifigkeitsgewinn versprechen, und die Weiterentwicklung der Antriebsstrukturen hinsichtlich Spielfreiheit, was beispielsweise über Direktantriebe realisiert werden kann. Diese weisen eine Vielzahl von Vorteilen auf *(Kreuzer 1994, S. 222 - 226)*, befinden sich aber noch in der Entwicklung *(Pritschow & Philipp 1990)*.

5.4 Bahnplanung für bewegte Werkzeuge

Die Bahnplanung mit bewegtem Werkzeug bildet den Standardbearbeitungsfall bei der Konturverfolgung. Der Sensor wird gemeinsam mit dem Werkzeug vom Handhabungsgerät bewegt. Er ist entweder starr oder über Zusatzachsen mit dem Werkzeug verbunden. In der Praxis konnten sich bislang drei Verfahren zur Bahnplanung etablieren, die sich in erster Linie durch die Art und Weise der Orientierungsvorgaben für das Werkzeug unterscheiden. Die Bahnplanung selbst erfolgt verteilt sowohl im Sensorrechner, wo im einfachsten Fall nur die Meßwerte übertragen werden, als auch in der Robotersteuerung, die stets für die Umsetzung der Bewegung verantwortlich ist. Welches Rechner- bzw. Steuerungssystem dabei welche Aufgaben der Bahnplanung übernimmt, hängt in erster Linie von den Möglichkeiten der Steuerung des Handhabungsystems ab.

5.4.1 Konturverfolgung mit konstanter Werkzeugorientierung

Die ersten Vorlaufsteuerungen für die Sensorkorrektur wurden auf der Basis von Korrekturwerten im bahnbegleitenden Koordinatensystem entwickelt. Dieses besteht aus Tangenten-, Normalen- und Binormalenvektor, welche ein orthonormiertes Dreibein bilden. Der Tangentenvektor ergibt sich mathematisch aus der Ableitung der Bahn über den Laufparameter oder bei Roboterbahnen aus zwei aufeinanderfolgenden Bahnstützstellen. Der Binormalenvektor liegt in der Schmiegebene der 3D-Bahnkurve und steht senkrecht auf dem Tangentenvektor. Der Normalenvektor ergibt sich folglich aus dem Kreuzprodukt von Tangenten- und Binormalenvektor.

Die am häufigsten bei Robotern eingesetzte Bahnbewegung ist die Linearinterpolation. Eine Gerade erlaubt jedoch keine eindeutige Definition der Schmiegebene. Die Orientierung des Binormalenvektors wird daher mit Hilfe der aktuellen Werkzeugorientierung definiert, was einer praktikablen Lösung des Problems am nächsten kommt, zumal das Werkzeug üblicherweise aus technologischen Gründen eine konstante Orientierung relativ zur Bearbeitungsbahn erfordert. Der Normalenvektor definiert sich dann analog über die oben beschriebene Vorgehensweise (Abb. 5.27).

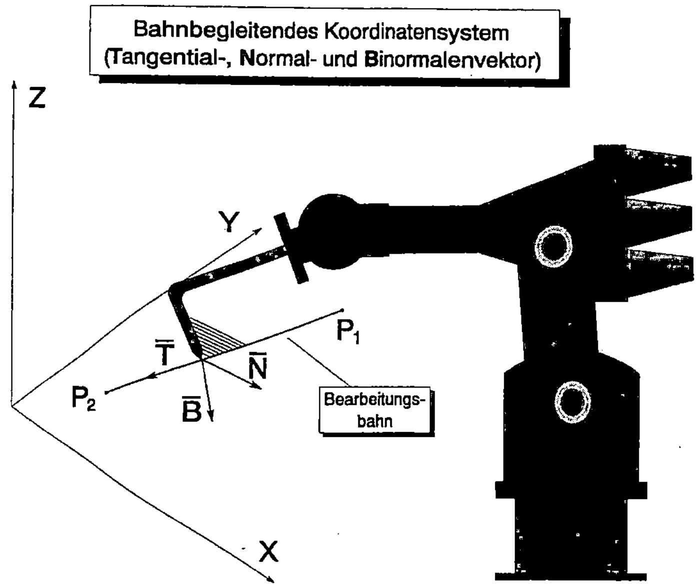

Abb. 5.27: Das bahnbegleitende Koordinatensystem

Der Sensor ermittelt aufgrund der aktuellen relativen Lage der Kontur unter Berücksichtigung der bereits zwischengespeicherten Korrekturwerte die neuen Korrekturwerte in Normalen- und Binormalenrichtung und speichert sie, bis sie entsprechend der Vorlaufsteuerung über den First-in-First-out-Speicher (FIFO) an den Roboter übertragen werden *(Drews & Zunker 1989)*. Die Überlagerung der programmierten Vorschubgeschwindigkeit mit der dazu senkrechten Korrekturgeschwindigkeit führt zu einer Erhöhung der tatsächlichen Bahngeschwindigkeit. Daher muß die tangentiale Geschwindigkeitskomponente mit einem Faktor korrigiert werden, um die korrigierte Bahn mit konstanter Geschwindigkeit abfahren zu können.

Dieses Bahnkorrekturverfahren bietet sich insbesondere dann an, wenn lediglich ein unidirektionaler Datentransfer vom Sensor zur Steuerung möglich ist. Es hat sich bei nahezu geradlinigen Bahnen mit nicht allzu hohen Genauigkeitsanforderungen bewährt. Sind aufgrund von gekrümmten Bahnen Orientierungsänderungen des Werkzeuges erforderlich, stößt dieses Verfahren schnell an seine Grenzen. Ein Ansatz zur Lösung dieses Problems stellen *Ohlsen & Florian (1989)* mit der sogenannten Sekantenmethode vor, bei der die Bahn in einzelne Segmente zerlegt wird.

5.4.2   Konturverfolgung mit Orientierungsvorgabe

Eine wesentliche Erweiterung stellt die Bahnkorrektur mit Orientierungsvorgabe dar. Sie gehört ebenso wie die Konturverfolgung mit Orientierungsnachführung (Kap. 5.4.3) zur Gruppe der Sensorbahnplanungsverfahren.

Hier wird das Sensorsystem als Meßsystem zur Erfassung der Bahn in Sensorkoordinaten eingesetzt. Ein Transformationsbaustein in der Robotersteuerung rechnet die Sensormeßwerte über die aktuelle Stellung des Handhabungsgerätes in Basiskoordinaten um und bezieht sie in die aktuelle Bahnplanung mit ein. Die Orientierungsinformation wurde in einem zuvor erstellten Bewegungsprogramm definiert. Diese Art der Konturverfolgung erschließt somit die 3D-Bearbeitung selbst für Sensoren, die keine Orientierungsvermessung erlauben. Nachteilig bei diesem Verfahren ist, daß keine unbekannten Bahnen sensorgeführt bearbeitet werden können, da die notwendigen Orientierungsvorgaben vorab an einem Referenzbauteil programmiert werden müssen, was je nach Komplexität des Bauteils sehr zeit- und damit kostenintensiv sein kann. In einer beispielhaften Implementierung dieses Verfahrens wurde in die Robotersteuerung eine weitere Recheneinheit für die Sensordatenverarbeitung integriert, die dieselbe Leistungsfähigkeit wie der Hauptsteuerrechner besaß *(Reis 1991)*. Diese Realisierung belegte deutlich, daß für eine schnelle 3D-On-Line-Konturverfolgung Rechnerleistungen erforderlich sind, die selbst dann in der Größenordnung konventioneller Robotersteuerung liegen, wenn die Sensordaten bereits vorverarbeitet und in eine für Robotersteuerungen kompatible Form gebracht wurden.

5.4.3   Konturverfolgung mit Orientierungsnachführung

Das derzeit leistungsfähigste Konzept zur Sensorführung für Handhabungsgeräte steuert den Roboter während der Konturverfolgung in allen Freiheitsgraden. Voraussetzung hierfür ist jedoch ein Sensor, der neben der Konturlage auch die Werkstückorientierung vermessen kann; ein Vorprogrammieren der Bahn entfällt in diesem Fall vollständig. Die Programmierung des Handhabungsgerätes mit dem daran montierten Sensor beschränkt sich auf die grobe Positionierung des Sensorsichtfeldes an den Konturanfang und die Definition eines Rückzugspunktes nach Erreichen des Konturendes. Sind mehrere Konturen an einem Bauteil zu bearbeiten, werden analog für jede Kontur Start- und Rückzugspunkt programmiert.

Die Umsetzung dieser Strategie erfordert jedoch den vollen Zugriff auf die Bahnplanung in allen Freiheitsgraden. Die vom Sensor abgetastete Kontur wird unter Einbeziehung der jeweils aktuellen Stellung des Roboters in Basiskoordinaten transformiert. Die so generierte Stützpunktfolge bildet die Grundlage für die Bahnplanung, die in Basiskoordinaten erfolgt.

Beiden Verfahren mit kontinuierlichen Orientierungsänderungen während des Sensoreingriffs ist gemeinsam, daß sie eine vollständige 3D-Funktionalität besitzen. Im Gegensatz zum Verfahren mit konstanter Orientierungseinstellung erfordert die Orientierungsänderung eine möglichst genaue Vermessung der Sensorlage und der Werkzeugspitze relativ zum Roboterhandkoordinatensystem, da sie sehr empfindlich auf fehlerhafte Kalibrierungen reagiert. Eine fehlerhafte Werkzeugkorrektur führt bei einer Orientierungsänderung, die definitionsgemäß um die Werkzeugspitze ausgeführt wird, zu einer Verschiebung des Arbeitspunktes relativ zur Bahn. Diese Fehler können bei größeren Orientierungsänderungen zu Lageabweichungen im Bereich mehrerer zehntel Millimeter führen, was in vielen Anwendungsfällen die maximal zulässigen Toleranzen übersteigt. Verfahren zur genauen, weitgehend automatisierten Vermessung der Werkzeugkorrektur und zur Kalibrierung des Sensorkopfes wurden bereits ausführlich in den Kap. 5.2.2 und 5.2.3 beschrieben.

5.5   Bahnplanung für bewegte Werkstücke

Gegenüber der Standardkonfiguration mit bewegtem Sensorkopf und Werkzeug bietet die Anordnung mit raumfestem Sensorkopf und Werkzeug eine Reihe von Vorzügen *(Reinhart u. a. 1995)*. Ein großer Vorteil dieser Anordnung besteht darin, daß der zelleninterne Materialfluß durch den Roboter ausgeführt werden kann. Da das Werkstück selbst vom Roboter gehandhabt wird, kann er es aus einem bereitgestellten Magazin herausgreifen, anschließend der Bearbeitung zuführen, im Ausgangsmagazin ablegen und anschließend den Zyklus erneut starten. Führt der Roboter hingegen das Werkzeug, muß der Werkstückwechsel über eine andere Einrichtung oder über manuelle Eingriffe realisiert werden, was einen erhöhten personellen bzw. technischen Aufwand mit sich bringt. Besonders vorteilhaft erweist sich das Konzept der bewegten Werkstücke beim Klebstoff- bzw. Dichtungsmittelauftrag. Hier kann der Fügevorgang unmittelbar nach dem Materialauftrag erfolgen, so daß Verschmutzungen durch eine sonst notwendige zwischengeschaltete Handlingsoperation ausgeschlossen werden können. Ein weiterer Vorteil ergibt sich aus der konstanten Werkzeugorientierung, beispielsweise senkrecht nach unten. Durch die Orientierungsänderung des Werkstücks können selbst kompliziert geformte Bauteile durchgehend in der prozeßtechnisch günstigsten Lage bearbeitet werden. Bei robotergeführten Werkzeugen ist hierfür ein zusätzlicher, mit der Steuerung synchronisierter Dreh-Schwenktisch für die Werkstückorientierung erforderlich. Auch die Schweißrauchabsaugung gestaltet sich bei ruhendem Schweißwerkzeug wesentlich einfacher. Weitere bedeutsame Vorteile ergeben sich bei Einsatz großer Werkzeuge oder bei Werkzeugen, die sich nur mit großem Aufwand bewegen lassen. Diese lassen sich einfacher stationär aufbauen und betreiben.

Da das Laserschweißen den Hauptanwendungsfall für die Konturverfolgung in dieser Arbeit darstellt, wird im folgenden ausführlicher auf die Probleme einer bewegten Strahlführung eingegangen werden. Licht von CO_2-Lasern, den heute am heufigsten für Schweißanwendungen industriell eingesetzten Lasern mit Ausgangsleistungen zwischen 3 und 12 kW, können derzeit nur über Spiegelstrahlführungssysteme an die Bearbeitungsstelle geführt werden *(Garnich 1992)*. Bislang konnten sich zwei unterschiedliche Systemlösungen etablieren. Bei Portalanlagen erfolgt die Strahlführung integriert, Standardindustrieroboter werden mit externen Spiegelstrahlführungssystemen gekoppelt (Abb. 5.28 und 5.29).

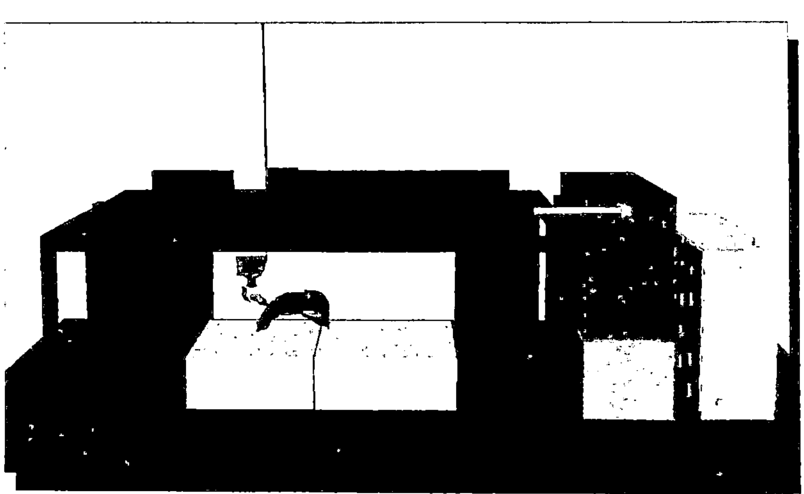

Abb. 5.28: Fünf-Achs-Laserbearbeitungsmaschine für CO_2-Laser

Beiden Systemen gemeinsam ist die bewegte Bearbeitungsoptik. Gerade in der neueren Zeit setzen sich aufgrund der wesentlich niedrigeren Investitionskosten Knickarmrobotersysteme zunehmend durch und bewähren sich im täglichen Mehrschichtbetrieb (Abb. 5.30).

Abb. 5.29: Sechs-Achs-Industrieroboter ausgerüstet für die CO_2-Lasermaterialbearbeitung

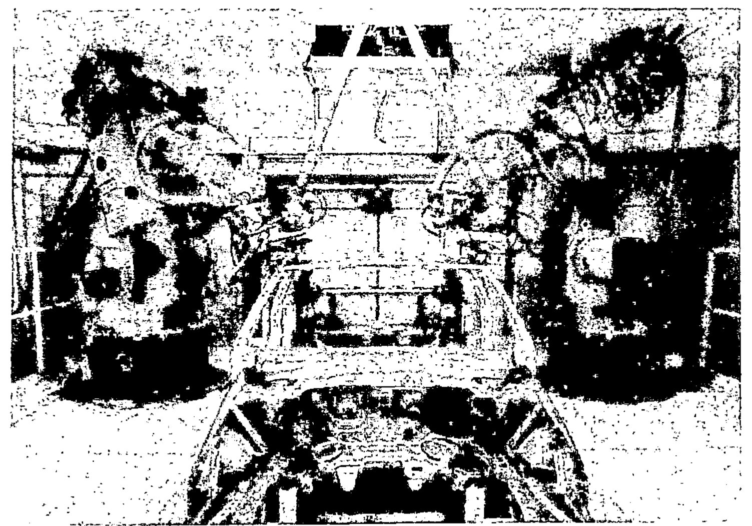

Abb. 5.30: Roboteranlage zum Dachnahtschweißen (Werkbild Volvo)

Sowohl Portalanlagen als auch Robotersysteme mit Teleskopspiegelstrahlführungs-systemen besitzen aufgrund von Strahlweglängenänderungen arbeitspunktabhängige Strahlparameter im Fokus. Zusätzlich führen Justagefehler der Spiegel zu einem Verschieben des Fokus relativ zur Bearbeitungsdüse, was sich wie eine variable Werkzeugkorrektur auswirkt, deren Parameter jedoch nicht bekannt sind. Umgehen kann man diese Problematik, indem mit einer raumfesten Optik gearbeitet wird, die deutlich kostengünstiger als die oben beschriebenen Varianten ist, einfacher zu justieren ist und weniger Umlenkspiegel benötigt, was neben geringeren Anschaf-fungskosten zu einer Erhöhung des Wirkungsgrades der Strahlführung führt *(Hügel 1992)*. Außerdem garantiert die ruhende Strahlführung eine konstante Fokuslage und gleichbleibende Bearbeitungsparameter. Ein weiterer Vorteil gegenüber einem mit dem Roboter gekoppelten Strahlführungssystem ist die Vergrößerung des nutzbaren Arbeitsraumes. Bei gekoppelten Kinematiken ergibt sich der gemeinsame Arbeits-raum aus der Schnittmenge der Einzelarbeitsräume. Der Arbeitsraum einer gekop-pelten Kinematik aus Standardindustrieroboter und externem Spiegelstrahlführungs-system ist in Abb. 5.31 graphisch dargestellt.

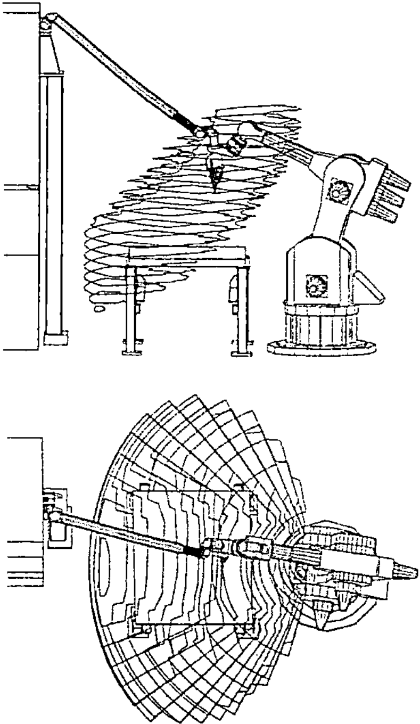

Abb. 5.31: Graphische Darstellung des Arbeitraumes einer gekoppelten Kinematik

5.5.1 Konturverfolgung mit konstanter Werkstückorientierung

Analog zur Konturverfolgung mit bewegtem Werkzeug und konstanter Orientierung läßt sich auch bei der inversen Kinematik eine einfachere Art der Bewegungsführung realisieren. In diesem Fall wird das Werkstück mit einer konstanten Orientierung im Raum bewegt. Die Anpassung der Bahnplanung für die inverse Kinematik beschränkt sich dabei auf die Änderung der Vorschubrichtung, da nicht das Werkzeug, sondern das Werkstück bewegt werden muß (Abb. 5.32). In Abhängigkeit von der steuerungsspezifischen Definition des bahnbegleitenden Koordinatensystems sind die vom Sensor gelieferten Korrekturwerte gegebenenfalls in ihrem Vorzeichen zu ändern, um sie an die geänderten Verhältnisse anzupassen.

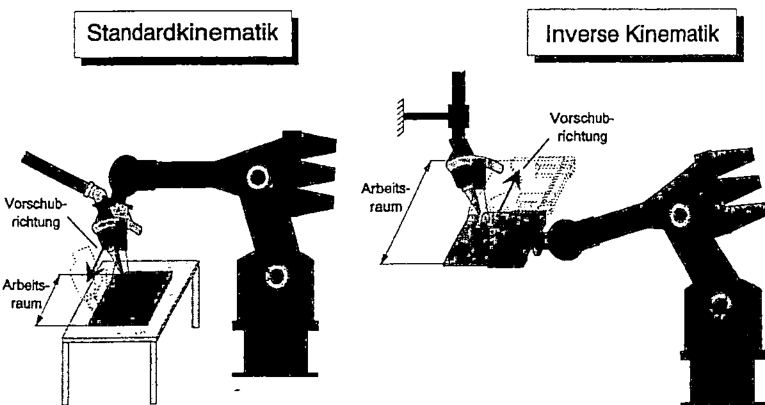

Abb. 5.32: Umgedrehte Vorschubrichtung bei der inversen Kinematik

An diesem einfachen Beispiel wird ein Nachteil der inversen Kinematik ersichtlich. Der Raum, der für die Bewegung des Werkstücks benötigt wird, ist in erster Näherung um die Werkstückausdehnung größer als bei der Strategie mit bewegtem Werkzeug, wobei die eigentliche Bewegung gleich groß bleibt, da dieselben Bahnen bearbeitet und somit dieselben Relativbewegungen ausgeführt werden.

Auch bei dieser Art der Konturverfolgung gelten aufgrund der konstanten Orientierung die gleichen Einschränkungen wie beim Standardfall mit bewegtem Werkzeug, was das Werkstückspektrum betrifft. Lediglich nahezu gerade Konturen lassen sich damit bearbeiten, echte dreidimensionale Bahnen erfordern auch hier Orientierungsänderungen.

5.5.2 Konturverfolgung mit Orientierungsnachführung

Weitaus aufwendiger sind die Anpassungen der Bahnplanung für die inverse Kinematik, wenn diese mit Orientierungsänderungen ausgeführt werden soll. Zum einfacheren Verständnis soll hier zunächst die Bahnplanung betrachtet werden, wie sie üblicherweise von Handhabungsgeräten ausgeführt wird, indem der Manipulator das Werkzeug bewegt, während sich das Werkstück in einer geeigneten Haltevorrichtung befindet. An jedem Werkzeug für die Bahnbearbeitung mit Robotern befindet sich eine ausgezeichnete Position, die eigentliche Wirkstelle, wie z.B. der Laserfokus oder die Mundstückspitze für den Klebstoff- oder Dichtungsmittelauftrag. Hierfür wird eine Werkzeugkorrektur (vgl. Kap. 5.2.3) eingeführt, die konstant bezüglich des Roboterhandflansches ist. Orientierungsänderungen beziehen sich dann auf die Werkzeugspitze. Sie kann daher trotz Orientierungsänderung exakt entlang einer programmierten Bahn geführt werden. Wird hingegen das Werkstück bewegt, bewegt sich auch der Arbeitspunkt relativ zum Werkzeugkoordinatensystem (Abb. 5.33).

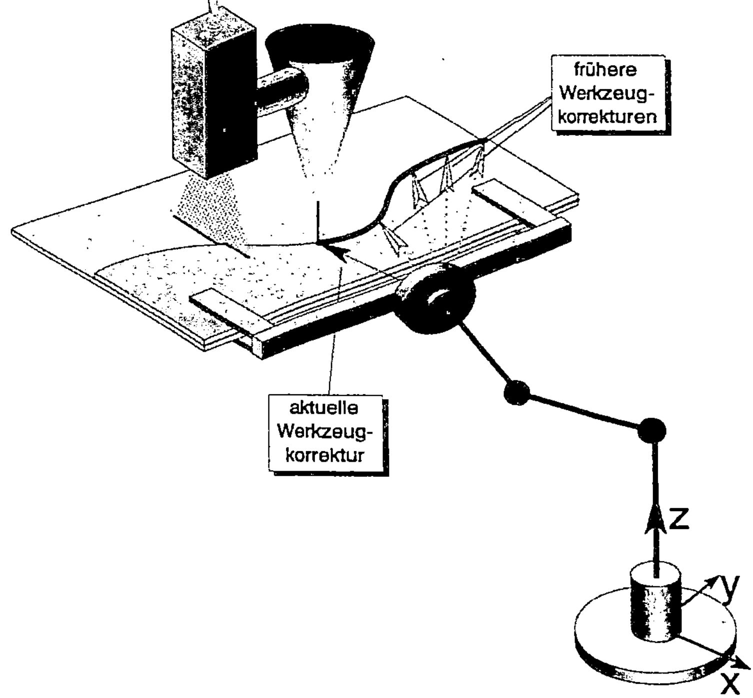

Abb. 5.33: Veränderliche Werkzeugkorrektur entlang der zu verfolgenden Bahn

Muß das Bauteil während der Bearbeitung seine Orientierung ändern, muß dies um den aktuellen Arbeitspunkt geschehen; andernfalls führt die Orientierungsänderung zu einer Relativverschiebung und damit zu einer Bahnabweichung. Daher muß für jeden Bahnstützpunkt eine neue Werkzeugkorrektur berechnet werden.

Bei der konventionellen Bahnplanung führt die Verschiebung des Arbeitspunktes zur Bewegungsvorgabe für die einzelnen Achsen des Roboters. Bei der inversen Kinematik bewegt sich der Arbeitspunkt jedoch nicht. Es muß daher eine neue Art der Bahnplanung in sechs Freiheitsgraden entwickelt werden. Setzt man bisherige Bahnplanungsimplementierungen voraus, führt eine variable Werkzeugkorrektur und ein konstanter Arbeitspunkt im Falle der inversen Kinematik zur Bewegungsvorgabe. Betrachtet man das Problem aus einer anderen Perspektive, wird ersichtlich, daß es sich um eine Bahnplanung in Werkzeugkoordinaten handelt. Aufgrund der veränderten Anordnung von Werkzeug und Werkstück bei der inversen Kinematik soll im folgenden das bewegte Koordinatensystem des Roboters als Handkoordinatensystem bezeichnet werden. Das Werkzeugkoordinatensystem befindet sich nach wie vor am Bearbeitungswerkzeug und bewegt sich daher nicht.

Analog zur Beschreibung der Bahn eines ruhenden Werkstückes in Basiskoordinaten empfiehlt sich bei der inversen Kinematik die Beschreibung der Bahn im Handkoordinatensystem. Beiden Konzepten zur Bewegungsführung ist gemeinsam, daß keine Relativbewegung zwischen dem beschreibenden Koordinatensystem und dem Werkstück stattfindet.

Ebenfalls analog zur Bahnplanung im Handkoordinatensystem müssen auch die Sensormeßwerte in dieses System transformiert werden, da sie dem Werkstück zugeordnet sind. Bei einer Darstellung in Basiskoordinaten wären sie zeitvariant und somit schwer handhabbar.

Wählt man für die Beschreibung der Bahn das Handkoordinatensystem so, daß es dem Werkzeugkoordinatensystem mit der Werkzeugkorrektur 0 entspricht, läßt sich die Kontur direkt über eine nun variable Werkzeugkorrektur bei konstantem Arbeitspunkt beschreiben. Somit kann für die Bahnplanung die bereits für den Standardbearbeitungsfall eingesetzte Rücktransformation verwendet werden.

Für die Kalibrierung des Sensor-Roboter-Systems können die Verfahren angewendet werden, wie sie bereits für den Standardbearbeitungsfall in Kap. 5.2 beschrieben wurden. Zusätzlich muß für die inverse Kinematik auch die Position des Arbeitspunktes vermessen werden, da er als Drehpunkt für die Umorientierungen von zentraler Bedeutung ist. Die einfache Beschreibung der Koordinaten dieses Raumpunktes durch das Basiskoordinatensystem des Roboters ist jedoch beim Einsatz derzeitiger Standardgeräte mit Genauigkeitsproblemen verbunden, da diese eine schlechte Positioniergenauigkeit besitzen. Die Positioniergenauigkeit eines Roboters wird durch eine Vielzahl von Parametern in hochkomplexer Weise beeinflußt (siehe Kap. 5.3.1). Von besonderer Bedeutung im Falle der inversen Kinematik sind die Elastizitäten des Roboters, die zu einer lastabhängigen Positioniergenauigkeit führen. Um diesem Problem zu begegnen, kann entweder ein absolutgenauer Roboter für diese Aufgabe herangezogen werden oder über geeignete Kompensationsverfahren mit Standardgeräten gearbeitet werden. Daher wurde im Rahmen dieser Arbeit ein Verfahren entwickelt, das sich für jeden Roboter eignet, vorausgesetzt er besitzt eine gute Wiederholgenauigkeit.

Im Gegensatz zum Standardbearbeitungsfall hat der Roboter bei der inversen Kinematik, je nach Bauteil, unterschiedliche Lasten handzuhaben. Dies hat zur Folge, daß sich das Basiskoordinatensystem des Roboters relativ zu einem mathematisch exakten kartesischen Koordinatensystem anders deformiert als zum Zeitpunkt der Kalibrierung des Systems mit dem leichten Kalibrierwerkstück (vgl. Kap. 5.3.1). Da während des Sensoreingriffs die Meßwerterfassung die Ist-Position des Roboters für die erforderlichen Transformationen nutzt, werden translatorische Verschiebungen der Bahn mit Hilfe des Algorithmus zur Konturverfolgung durch den Sensor kompensiert. Die aufgrund der Last verschobene Position des Arbeitspunktes kann jedoch nicht automatisch erfaßt werden. Messungen an einem Standardknickarmroboter zur lastbedingten Verschiebung ergaben Werte von mehr als 2 mm im Falle einer Zusatzlast von 21.5 kg (Tabelle 5.2).

Unterschiedliche Traglasten				
Vektor	**X [mm]**	**Y [mm]**	**Z [mm]**	**Länge [mm]**
		Traglast (1,5 kg)		
Werkzeugkorrektur	-101,01	-354,60	102,92	382,80
Raumpunkt	1133,41	-391,76	1420,32	1858,87
		Traglast (23 kg)		
Werkzeugkorrektur	-101,92	-353,82	102,39	382,18
Raumpunkt	1132,74	-391,33	1422,40	1859,96
Differenz:	**0,67**	**0,43**	**2,08**	**2,23**

Tabelle 5.2:Arbeitspunktverschiebung infolge unterschiedlicher Traglasten

Dies würde bei Orientierungsänderungen zwangsläufig zu Konturabweichungen führen. Um diesen Abweichungen zu begegnen, wurde ein Kompensationsverfahren entwickelt, das Orientierungsänderungen auf einen positionsabhängigen Arbeitspunkt (*AP*) bezieht. Hierzu werden ausgezeichnete Punkte, sogenannte Kompensationspunkte, entlang der Kontur eines Musterwerkstücks definiert. Mit Hilfe des Verfahrens zur Werkzeugkorrekturbestimmung (Kap 5.2.3) werden sowohl die jeweiligen

Werkzeugkoordinaten ermittelt als auch die zugehörigen absoluten Koordinaten des festen Arbeitspunktes bestimmt. Ausgezeichnete Punkte einer Kontur sind die jeweiligen Anfangs- und Endpunkte sowie bei langen Bahnen gleichmäßig entlang der Kontur verteilte Zwischenpunkte.

Ein Kompensationspunkt beschreibt daher einen Konturpunkt mit Hilfe zweier Koordinatensysteme; er setzt sich somit aus insgesamt sechs Koordinaten zusammen. Es sind dies die Punktkoordinaten des Kompensationspunktes, beschrieben im Handkoordinatensystem (^{n}HK) und im Basiskoordinatensystem (^{n}BK). Zur Berechnung des positionsabhängigen Arbeitspunktes $AP(s)$ wird ein Laufparameter s benötigt. Dieser berechnet sich aus den Punktkoordinaten im Handkoordinatensystem, indem ausgehend von der aktuellen Bearbeitungsstelle die Abstände zum zurückliegenden (a) und zum nächsten (b) Kompensationspunkt berechnet und a durch $a+b$ dividiert wird (Abb. 5.34). Anschließend wird der aktuelle Arbeitspunkt berechnet, indem der Differenzvektor aus den beiden benachbarten Kompensationspunkten ^{n+1}BK und ^{n}BK gebildet wird, dieser mit dem Laufparameter s multipliziert und auf den zurückliegenden Arbeitspunkt ^{n}BK addiert wird. Er bildet schließlich den positionsabhängigen Raumpunkt für die Orientierungsänderung.

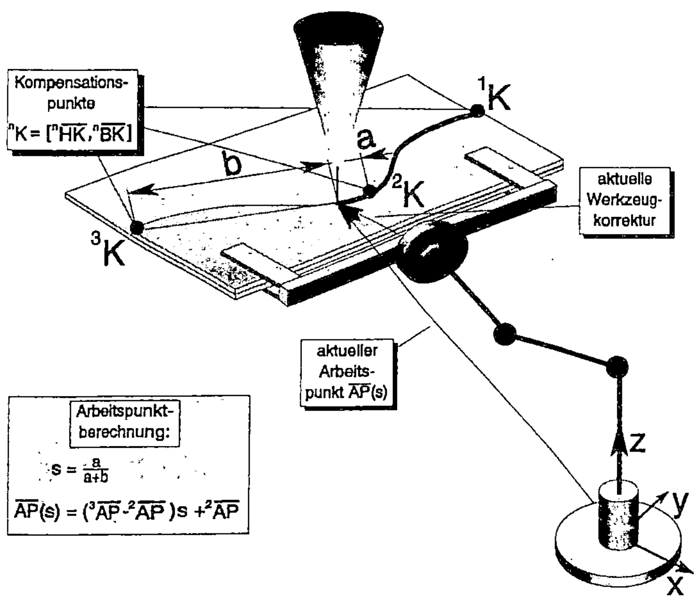

Abb. 5.34: Kompensationspunkte für die inverse Kinematik

5.6 Vergleich der beiden Kinematikkonzepte

Beide vorgestellten Kinematikkonzepte eignen sich für eine Vielzahl von Anwendungen in gleicher Weise, da sie bei vergleichbaren Bahnplanungsalgorithmen ähnliche Anforderungsquotienten erreichen. Dennoch lassen sich unterschiedliche Einsatzfelder umreißen, die besser für die eine oder die andere Lösung geeignet sind.

5.6.1 Bauteilspektrum

Ein Kriterium für die Wahl des geeigneten Kinematikkonzeptes bildet das Bauteilspektrum. Eignet sich die Standardanordnung für Bauteile mit nahezu beliebiger Größe und Gewicht, sind für die inverse Kinematik nur solche Bauteile geeignet, deren Gewicht einschließlich der erforderlichen Spanntechnik die maximale Traglast des Roboters nicht überschreitet und deren Abmaße nicht zu groß sind *(Rippl 1994)*. Befindet sich der aktuelle Arbeitspunkt weit vom Roboterhandflansch entfernt, wirkt sich die Meßauflösung der Geber für die Handachsen und das Handachsenspiel aufgrund des großen Hebelarmes stark aus. Um diese Abweichungen zu quantifizieren, soll der in Kap. 5.3 untersuchte Roboter herangezogen werden. Die sechste Achse weist aufgrund der aufwendigen Mechanik ein mittleres Spiel von 0.9' auf. Befindet sich der Arbeitspunkt 1 m von der Drehachse der sechsten Achse entfernt, verursacht das Spiel bereits einen Fehler von ca. 0.25 mm. Dieser kann jedoch durch eine Spielkompensation in der Bahnplanung um den Faktor 3 bis 5 reduziert werden. Betrachtet man die Meßauflösung der sechsten Achse, so führt diese zu einer Abweichung von 0.015 mm, einem vernachlässigbaren Wert. Diese einfache Abschätzung zeigt, daß Bauteile mit einer Ausladung von 1 m, d.h. einer Bauteildiagonalen von 2 m, eine obere Grenze für die Bauteilgröße darstellen. Hier sind mit dem untersuchten Roboter Genauigkeiten von ca. 0.2 mm noch realisierbar. Ein weiterer begrenzender Faktor sind Zitterbewegungen der Roboterhand, die von weit ausladenden Teilen verstärkt werden und im Resonanzfall bei elastischen Bauteilen sogar zu beachtlichen Amplitudenüberhöhungen führen können.

Bauteile mit charakteristischen Abmaßen von zwei Metern lassen sich aber auch mit Standardrobotern und bewegtem Werkzeug aufgrund des begrenzten Arbeitsraumes üblicherweise nur schwer bearbeiten, so daß die Bauteilgröße nicht das wesentliche Entscheidungskriterium darstellt, während das Bauteilgewicht jedoch zum Ausschluß für die inverse Kinematik führen kann.

5.6.2   Zugänglichkeit

Die Zugänglichkeit eines Bauteils bereitet bei der 3D-Bearbeitung oftmals große Probleme. Betrachtet man die direkte Umgebung von Bearbeitungswerkzeug und aktueller Bearbeitungsposition am Werkstück, erkennt man sofort, daß die Zugänglichkeitsproblematik unabhängig vom Kinematikkonzept für beide Varianten gleich ist (Abb. 5.35).

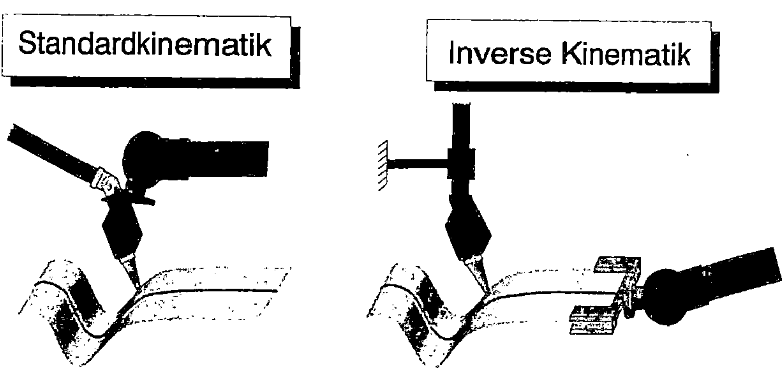

Abb. 5.35: Nahezu gleiche Zugänglichkeit für beide Konzepte in der unmittelbaren Werkzeugumgebung

Betrachtet man jedoch das gesamte Umfeld, ergeben sich Vorteile für die inverse Kinematik. Als Beispiel soll eine 3D-Laserschweißstation für Roboter und CO_2-Laser betrachtet werden. Das Bindeglied zwischen Laser und Roboter stellt ein Spiegelstrahlführungssystem dar, das im Standardbearbeitungsfall beweglich mit sechs Freiheitsgraden ausgeführt ist und vom Roboter geführt wird, während es sich bei der inversen Kinematik unbeweglich an einer Position im Raum befindet. Die Untersuchungen bezüglich Zugänglichkeit und Kollision wurden mit einem grafischen 3D-Simulationssystem durchgeführt, mit dem auch gekoppelte Kinematiken simuliert werden können. Als Bauteil wurde eine Pkw-Tür ausgewählt, deren am Umfang verlaufenden Falze als Kehlnaht mit dem Laser und Sensorführung verschweißt werden sollen. Die Simulation ergab, daß im Falle der inversen Kinematik das Bauteil ohne Umspannvorgang komplett bearbeitet werden kann, die gekoppelte Kinematik hingegen aufgrund ihres wesentlich kleineren Arbeitsraumes (Abb. 5.31) eine Umpositionierung für jede Kante erforderlich macht, was in einer realen Anlage entweder einen Dreh-Schwenk-Tisch oder eine dreimalige manuelle Änderung der Aufspannung erfordern würde. In Abb. 5.36 und Abb. 5.37 sind Momentaufnahmen aus den beiden Simulationen dargestellt.

Abb. 5.36: Simulationsuntersuchungen mit der Standardkinematik am Beispiel einer PKW-Tür

Abb. 5.37: Simulationsuntersuchungen mit der inversen Kinematik

Dieses Beispiel zeigt die deutliche Überlegenheit der inversen Kinematik sowohl was die Taktzeit für dieses Bauteil als auch was die Investitionskosten für die Anlage betrifft. Verallgemeinernd kann für diese Laseranlagenkonfiguration mit externem Spiegelstrahlführungssystem festgestellt werden, daß insbesondere dann die inverse

Kinematik von Vorteil ist, wenn geschlossene Bahnen oder Bahnen, die ihre Richtung stark ändern, bearbeitet werden müssen. Die Standardkinematik stößt bei Orientierungsänderungen schnell an ihre Grenzen, was die Simulation bestätigte.

5.6.3 Mehrstufige Bearbeitungsverfahren

Oftmals sind an einem Bauteil mehrere Bearbeitungsvorgänge hintereinander auszuführen. In diesem Fall können mehrere Werkzeuge um den Handlingroboter angeordnet werden, an denen hintereinander mittels inverser Kinematik die Bearbeitung sowohl sensorgestützt als auch programmiert durchgeführt werden kann. Bei bewegtem Werkzeug sind hierfür entweder zeitaufwendige Werkzeugwechsel oder mehrere Bearbeitungsstationen mit jeweils einem Roboter und einer Materialflußverkettung zwischen den Stationen erforderlich.

Als Beispiel für eine mehrstufige Bearbeitung kann das Dichtschweißen einer Motorhaube entlang des Falzes mittels einer Kehlnaht dienen. Da die vier Ecken üblicherweise nicht dichtgeschweißt werden können, müssen sie anschließend separat abgedichtet werden. Beide Operationen können ohne Umspannen des Werkstücks oder Werkzeugwechsel mit der oben beschriebenen Konfiguration durchgeführt werden, wobei die Lasernähte sensorgeführt geschweißt, die Ecken aufgrund der vom Sensor ermittelten Bauteillage positionskorrigiert, jedoch ohne Sensoreingriff bearbeitet werden.

5.6.4 Timesharing

In engem Zusammenhang mit der mehrstufigen Bearbeitung ist das Timesharing zu sehen. Hier wird ein Werkzeug von zwei oder mehr Handlingstationen gleichermaßen genutzt. Insbesondere teure Laseranlagen kommen für das Timesharing in Betracht, um die Strahlzeiten einer Anlage zu maximieren. Auch hier liefert die skizzierte Anwendung aus Kap. 5.6.3 ein gutes Beispiel. Während ein Roboter das Abdichten der Ecken durchführt, das fertig bearbeitete Bauteil ablegt und ein neues Bauteil greift, nutzt ein anderer Roboter zwischenzeitlich den Laser, dessen Bearbeitungsoptik im überlappenden Arbeitsraum beider Roboter positioniert ist. Damit ist eine optimale Auslastung des Lasers sichergestellt. Selbst beim Ausfall einer Handlingstation kann weiter produziert werden, was im Falle des bewegten Laserstahls erst nach erfolgter Reparatur des Roboters wieder möglich ist.

5.7 Konturfolgesensor als Teachhilfe zur Roboterprogrammgenerierung

Konturfolgesysteme, wie sie derzeit im Einsatz sind, arbeiten entweder nach dem Bahnkorrekturverfahren, indem sie Abweichungen einer vorprogrammierten Kontur ausgleichen, oder bahngenerierend nach dem Sensorbahnplanungsverfahren, indem sie nahe am Konturanfang positioniert werden und dann selbständig der Kontur folgen, ohne zusätzliche Geometrieinformationen vorauszusetzen (Kap. 5.4 und 5.5). Das zweite, modernere und flexiblere Verfahren erzeugt somit automatisch die Bewegungsinformation für die komplette Kontur. Es liegt daher nahe, ein derartiges Sensorsystem nicht nur für die On-Line Konturverfolgung, sondern durch die Speicherung und Weiterverarbeitung der Bewegungsinformation auch als Teachhilfe zu nutzen.

5.7.1 Einsatzgebiete

Es gibt im wesentlichen zwei Gruppen von Einsatzgebieten. Bei der ersten handelt es sich um genau gefertigte Teile, an denen eine Bahnbearbeitung, beispielsweise ein Dichtungsmittelauftrag, erforderlich ist, die Bahnen manuell jedoch sehr aufwendig zu programmieren sind. Aufgrund der hohen Wiederholgenauigkeit der Bauteile lassen sich diese mit festen Roboterprogrammen ohne Sensoreingriff in Serie bearbeiten. Die zweite Gruppe bilden Anwendungen, deren Prozeß größere Abweichungen zuläßt und somit vorhandene Fertigungstoleranzen keine Auswirkungen auf die Qualität der Bahnbearbeitung haben. Beispiel hierfür ist das konventionelle WIG/MIG/MAG-Schweißen.

5.7.2 Realisierungsmöglichkeiten

Voraussetzung für die Realisierung einer Teachhilfe ist ein flexibles Konturfolgesystem, das sich schnell für unterschiedliche Aufgabenstellungen konfigurieren läßt. Dem Einsatz eines solchen Sensorsystems als Teachhilfe steht als Alternative ein erfahrener Programmierer gegenüber. Der industrielle Nutzen eines Systems liegt letztendlich in der Wirtschaftlichkeit oder der Qualitätssteigerung. Eine Verbesserung der Wirtschaftlichkeit läßt sich bei einem Programmiersystem dann erreichen, wenn die Programmierzeiten einen wesentlichen Anteil an der Gesamtbearbeitungszeit eines Auftrages haben und die Produktion durch wenig Wiederholaufträge gekennzeichnet ist. Die Einführung eines Programmiersystems kann dann die Programmiernebenzeiten stark reduzieren. Als Alternativen für die automatische Programmgenerierung stehen sich Off-Line Programmiersysteme und sensorgestütze Teachhilfen gegenüber.

Off-Line Programmiersysteme für die 3D-Bahnbearbeitung haben in den letzten Jahren einen hohen Entwicklungsstand erreicht *(Schwarz 1993)*. Einsatzgebiete für 3D-Bahnanwendungen sind insbesondere dann gegeben, wenn die Absolutgenauigkeit des Handhabungsgerätes für die Bearbeitungsaufgabe über den gesamten Arbeitsraum hinweg ausreicht. Ein typisches Beispiel ist die Programmerstellung für Lackierroboter. Problematisch wird die Off-Line Programmierung, wenn Genauigkeiten im Bereich weniger Zehntel Millimeter erforderlich werden. Hauptgründe hierfür sind die schlechte Absolutgenauigkeit der Roboter und Schwächen bei der Robotermodellbildung, Maßabweichungen zwischen CAD-Modell und realem Bauteil, Fehler in der Bahnführung sowie Fehler durch die Kalibrierung beim Übergang vom Off-Line Programmiersystem zur realen Anlage.

Die wesentliche Voraussetzung für den wirtschaftlichen Einsatz eines 3D-Offline-Programmiersystems ist das Vorhandensein eines konsistenten 3D-CAD-Modells. Müßte dieses für die Programmerstellung eigens generiert werden, würde die für die Off-Line Programmierung benötigte Zeit, trotz vielfältiger Automatismen, die Zeit des konventionellen Teachens weit übersteigen und dieses Verfahren somit unwirtschaftlich werden.

Ein Teil der oben angeführten Probleme der Off-Line Programmierung können durch den Einsatz einer sensorgestützten Teachhilfe gelöst werden. Sie erzeugt die Bahn durch Abtasten der Geometrie, wobei das Handhabungssystem gleichzeitig die Meßinformation für die Berechnung der Bahn liefert. Positions- und Bahnabweichungen werden daher automatisch berücksichtigt. Da an realen Bauteilen gemessen wird, werden auch Maßabweichungen aufgrund von Bauteiländerungen, die nicht im CAD-System abgebildet wurden, mit berücksichtigt.

Zur Erhöhung der Wirtschaftlichkeit eines flexiblen Konturfolgesystems bietet sich die Nutzung des Systems in mehreren Anlagen an. Hierfür sind prinzipiell zwei Vorgehensweisen möglich. Unter der Voraussetzung, daß mehrere identische Anlagen für die Bearbeitung eines ähnlich gearteten Bauteilspektrums eingesetzt werden, ermöglicht der Betrieb einer sensorgestützten Teachstation die Programmierung für alle Anlagen. Hierzu werden die modular aufgebauten Vorrichtungen mit den Werkstücken in der Teachstation programmiert und anschließend die Vorrichtung und das Programm an die Zielanlage transferiert. An der Zielanlage ist aufgrund leicht voneinander abweichender Anordnung der Komponenten gegebenenfalls eine Kalibrierung in Form einer Nullpunktkorrektur erforderlich, die, einmal eingestellt, für alle nachfolgenden Aufträge übernommen werden kann. Der wesentliche Vorteil bei dieser Vorgehensweise liegt in den niedrigen Rüstzeiten, da sich der Sensor stets an einem Roboter befindet. Nachteilig hingegen ist, daß bei manchen Robotern die Übertragung von Programmen mit einem nicht unerheblichen Genauigkeitsverlust einhergeht und daher diese Art der Programmerstellung nur bedingt für unterschiedliche Robotertypen geeignet ist. Ein kritischer Punkt ist die Auslastung der Teachstation. Sie sollte möglichst hoch sein, um die Kapitalbindung für die zusätzliche Roboteranlage zu rechtfertigen.

Das andere Konzept nutzt die Zielanlage selbst zur Programmgenerierung. Vorteil hierbei ist, daß auch unterschiedliche Robotertypen verwendet werden können, keine Kalibrierprobleme durch eine Übertragung des Roboterprogrammes entstehen und keine zusätzliche Programmierstation benötigt wird. Demgegenüber muß jede Robotersteuerung für eine Sensorprogrammierung ausgerüstet sein, was oftmals nur über Mehrkosten bei der Beschaffung realisiert werden kann. Um die Rüstzeiten für die Montage und Kalibrierung des Sensorsystems niedrig zu halten, empfiehlt es sich, ein universell einsetzbares und schnell wechselbares Haltesystem für den Sensorkopf vorzusehen. Darüber hinaus sollte jede Anlage mit einem Kalibrierwerkstück ausgerüstet sein. Damit reduzieren sich die Montier- und Kalibrierzeiten für der Sensorkopf auf wenige Minuten, so daß die Rüstzeiten pro Auftrag nur von untergeordneter Bedeutung sind.

Welches Konzept das erfolgversprechendere ist, hängt von den jeweiligen Randbedingungen ab. Beiden gemeinsam ist die wesentliche Reduzierung der Programmierzeiten bei komplexen räumlichen Bahnen gegenüber dem klassischen Teach-In-Verfahren sowie die höhere Genauigkeit, da es sich um ein dynamisches Programmierverfahren handelt.

5.7.3 Umsetzung

In den letzten Jahren wurden eine Reihe von Ansätzen beschrieben *(Rentschler 1991, Weiß 1989)*, die es ermöglichen, aus einer meßtechnisch erfaßten Bahn Stützpunkte für ein Roboterprogramm zu generieren. Aufgrund der hohen Abtastfrequenz ergeben sich prinzipbedingt sehr viele Stützpunkte, die die Bahn beschreiben. Aufgabe eines Algorithmus zur Erzeugung eines Roboterprogrammes ist daher die Reduktion der Stützpunkte in der Art, daß möglichst viele zu einem Bahnbewegungssatz komprimiert werden können, ohne daß dabei ein merklicher Informationsverlust entsteht. Diese Verfahren arbeiten sehr ähnlich, wobei stets versucht wird, unter Einhaltung eines erlaubten Sekantenfehlers Linear- und Zirkularinterpolationen zu finden, die die gemessene Bahn optimal annähern. Diese Verfahren haben jedoch den Nachteil, daß sie die während der Bahnfahrt ebenfalls gemessenen Orientierungsänderungen nur ungenau berücksichtigen. Dieses Defizit ist in erster Linie darauf zurückzuführen, daß bis vor kurzem praktisch keine brauchbaren Konturfolgesysteme zur Verfügung standen, die zusätzlich zu den Verschiebekoordinaten der Bahn auch die lokale Werkstückorientierung erfassen konnten.

In der Praxis treten zunehmend Geometrien auf, die keine konstante Krümmung bzw. Torsion aufweisen, sondern diese kontinuierlich oder diskontinuierlich entlang der Bahn ändern. Das in dieser Arbeit untersuchte Sensorsystem verfügt über die Möglichkeit zur Orientierungsvermessung. Daher wurden in den Programmmoduln zur Roboterprogrammgenerierung Algorithmen implementiert, die neben dem für Translationen eingesetzten Sekantenfehler eine für Rotationen analoge Größe, den Krümmungsgradienten κ, einführen, so daß auch Krümmungs- und Torsionsänderungen bei der Stützpunktgenerierung berücksichtigt werden können.

Hierzu wurde folgende Vorgehensweise gewählt: Da die Änderung der kardanischen oder eulerschen Raumwinkel bei Orientierungsänderungen entlang einer Bahn zu Problemen führen kann, wurden für die Berechnung des Krümmungsgradienten Eulerparameter bzw. Einheitsquaternionen (siehe Kap. 5.2.3) genutzt. Dazu wird ein lokales Startkoordinatensystem definiert, ausgerichtet am Bahntangenten- und Flächennormalenvektor. Ein weiteres Koordinatensystem wird in gleicher Weise am nächsten Meßpunkt definiert (Abb. 5.38). Die Transformation zwischen den beiden

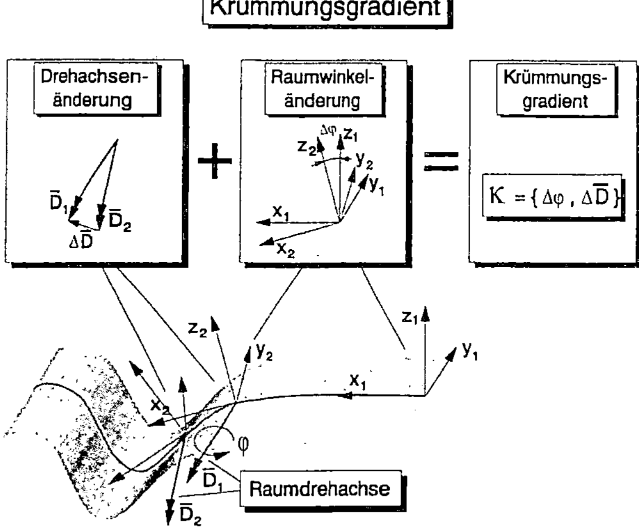

Abb. 5.38: Definition des Krümmungsgradienten κ

Koordinatensystemen wird durch Eulerparameter ausgedrückt. Mit dem zweiten und dem dritten Meßpunkt wird genauso verfahren. Die Differenz der so erzeugten Eulerparameter, bezogen auf das Weginkrement, ergibt den Krümmungsgradienten, der sich aus einem Vektor und einem Skalar zusammensetzt. Der Vektor beschreibt die Änderung der Drehachsenrichtung aufeinanderfolgender Koordinatensysteme, der Skalar steht für die Änderung des Drehwinkels. Diese Berechnungsvorschrift wird auf alle Meßpunkte angewendet. Überschreitet die Norm des Vektors oder der Betrag des Skalars die korrespondierenden Werte des maximalen Grenzkrümmungsgradienten κ_{Grenz}, wird der letzte Meßpunkt als Bahnstützpunkt für das Roboterprogramm herangezogen.

Gemeinsam mit dem Sekantenfehler ermöglicht die Einführung des Krümmungsgradienten eine drastische Reduzierung der vom Sensor erfaßten Meßpunkte zu einem kompakten Roboterprogramm, welches sowohl translatorisch als auch rotatorisch die erlaubten Grenzwerte für die Bahnabweichung zu keinem Zeitpunkt überschreitet.

Dieses Verfahren zur Roboterprogrammgenerierung eignet sich in gleicher Weise für den Standardbearbeitungsfall und die inverse Kinematik. Da die Meßpunkte in Roboterkoordinaten, also in Inkrementen der einzelnen Roboterachsen, gespeichert werden, erzeugt der Algorithmus eine Bahn, die dieselben Achsstellungen benötigt, wie sie beim sensorgeführten Abfahren erzeugt wurden. Somit erreicht man mit diesem Verfahren zur Roboterprogrammgenerierung eine sehr hohe Bahntreue, die insbesondere dem statischen Teach-In überlegen ist.

5.8   Sicherheitsaspekte und Kollisionsbetrachtungen

Für das Bahnkorrekturverfahren ist eine grob vorprogrammierte Bahn erforderlich, der Sensor liefert die Korrekturwerte bezüglich der Soll-Bahn. Dies hat aus sicherheitstechnischen Gründen den Vorteil, daß, falls die Abweichungen zur programmierten Bahn ein vorgegebenes Maß überschreiten, die Steuerung zur Einleitung einer Notstrategie veranlaßt werden kann. Eine einfache Notstrategie wäre beispielsweise, alle aktiven Prozesse wie z.B. den Laserstrahl abzuschalten und den Roboter in eine definierte Rückzugsposition zu fahren. Der Anlagenbediener kann dann die Ursache für die unzulässige Abweichung lokalisieren und geeignete Maßnahmen zur Beseitigung des Problems einleiten.

Etwas schwieriger gestaltet sich das Erkennen von unerlaubt großen Bahnabweichungen, wenn kein Bewegungsprogramm und somit keine Referenz vorhanden ist. Würden keinerlei Sicherheitsmaßnahmen getroffen, könnte beispielsweise ein nicht erkannter Typwechsel des Werkstücks zu Fehlern in der Bearbeitung oder zu Kollisionen führen. Es bietet sich dabei an, ebenfalls mit einer Referenzbahn zu arbeiten. Im Gegensatz zur vorher beschriebenen Variante muß diese Bahn nicht manuell geteacht werden, sondern wird vom Sensor an einem Masterbauteil generiert. Diese Masterbahn erfüllt dabei keine Funktion bei der Bahnplanung, sondern dient ausschließlich der Überwachung des Sensoreingriffes während des Serieneinsatzes.

Das Problem der Kollision von Roboter und Werkzeug mit anderen Gegenständen innerhalb des Arbeitsraumes bleibt jedoch. Die Kollisionsgefahr besteht besonders beim erstmaligen Abfahren einer neuen Bahn. Vier verschiedene Lösungstrategien stehen dem Anwender derzeit zur Verfügung.

Bei der ersten Strategie handelt es sich um die einfachste und am weitesten verbreitete. Während des ersten sensorgeführten Bahnfahrens wird die Geschwindigkeit stark reduziert und der Anlagenbediener überwacht die Bewegungen. Tritt während dieser Einfahrphase eine Kollision auf, kann sie entweder durch die Änderung einiger Parameter wie beispielsweise der Winkelstellung des Werkzeugs zum Werkstück oder durch eine Umpositionierung einiger Komponenten beseitigt werden. Bei komplexen Anlagen wie z.B. der gekoppelten Kinematik mit Standardroboter und CO_2-Laser ist ein Bediener jedoch schnell überfordert. Bei diesen Anlagen müssen bei der Bearbeitung größerer Bauteile eine Vielzahl möglicher Kollisionsstellen gleichzeitig überwacht werden, was oftmals Schwierigkeiten bereitet, da sich diese an sehr unterschiedlichen Stellen befinden können, die nicht aus einer zentralen Position kontrolliert werden können.

Abhilfe hierbei schaffen graphische 3D-Simulationssysteme. Sie erlauben es, rechnergestützt Kollisionen an einer virtuellen Anlage, die in Abmessungen und Aufbau der realen Anlage entspricht, zu erkennen. Hier können auch, bereits lange bevor die reale Anwendung aufgebaut wird, die Positionen der einzelnen Komponenten optimiert und hinsichtlich ihrer Kollisionsgefahr überprüft werden. Simulationssysteme bieten neben der automatischen Kollisionskontrolle eine Reihe weiterer Möglichkeiten, wie die Anlagenplanung oder die Off-Line Programmierung, so daß sie im fertigungstechnischen Gesamtzusammenhang betrachtet, ein hohes Kosten- und Zeit-einsparungspotential bergen *(Schwarz 1993, Woenckhaus 1994)*. Eine sinnvolle Funktionserweiterung heutiger Systeme wäre die Modellierung der Sensorfunktionalität zur Simulation der Konturverfolgung. Sie würde eine noch schnellere Off-Line Bahnprogrammierung und Kollisionskontrolle ermöglichen. Einfache Ansätze hierzu wurden bereits realisiert.

Die dritte Möglichkeit bildet die sensorgestütze Kollisionskontrolle. Sie basiert auf dem Einsatz einer Vielzahl von Sensoren zur Kollisionserkennung, angefangen bei binären, einfach schaltenden wie Endschaltern über Abstandsmeßsysteme unterschiedlicher Funktionsweise bis hin zu Videoüberwachungssystemen. Trotz einiger erfolgversprechender Ansätze *(Stettmer 1994, S. 12-13)* bleibt die Problemstellung für reale Anlagen mit ihren komplexen Kollisionsproblemen bislang ungelöst. Eine weitere Einschränkung ergibt sich aus den Abmessungen der hierfür benötigten Sensorsysteme selbst, da diese die Zugänglichkeit zum Werkstück teilweise erheblich einschränken und somit oftmals mehr Probleme verursachen als Nutzen bringen.

Die vierte Methode schließlich nutzt das Sensorsystem zur Konturverfolgung selbst für die Kollisionskontrolle, indem die Kollisionsräume datentechnisch im Sensor hinterlegt sind. Diese Strategie würde in letzter Konsequenz jedoch zur Nachbildung eines oben beschriebenen Simulationssystems führen, was nicht sinnvoll erscheint. Einfachere Ansätze wären jedoch durchaus denkbar, indem beispielsweise die Kinematik eines für CO_2-Laser benötigten Spiegelstrahlführungssystems mit seinen mechanischen Endstellungen im Sensor modelliert und somit über die aktuelle Roboterposition mitgerechnet und überprüft wird.

Zusammenfassend kann festgehalten werden, daß die beiden erstgenannten die zum aktuellen Zeitpunkt brauchbarsten Verfahren zur Kollisionskontrolle darstellen, jedoch einfache Erweiterungen im Sensorsystem den Anlagenbediener in seinen Aufgaben stark unterstützen können.

6 Messungen am realisierten Konturfolgesensorsystem

Die Anforderungen an ein Konturfolgesystem der neuesten Generation führten über die Konzeption zur Realisierung des Sensorsystems SCOUT. Zur Überprüfung der Leistungsfähigkeit des Systems wurden umfangreiche Messungen bezüglich der Störungsunempfindlichkeit, der Meßgenauigkeit und der Bahnführungsgenauigkeit durchgeführt. Hierbei sind die beiden erstgenannten Punkte ausschließlich den Sensoreigenschaften zuzuordnen, der letzte Punkt spiegelt das komplexe Zusammenspiel zwischen Sensorsystem mit Sensorkopf und Sensorrechner sowie dem Handhabungssystem mit Steuerung und Manipulator wider.

Die Basis für die Untersuchungen bildeten das Sensorsystem, bestehend aus dem Sensorrechner und zwei Sensorköpfen. Ein Sensorkopf war mit einer kombinierten Flächen- und Linienbildbeleuchtung zur Stumpfstoßerkennung ausgerüstet (Abb. 6. 1, rechts), der andere, das Vorgängermodell mit mehr als dem doppeltem Bauvolumen und ohne Flächenbildbeleuchtung (Abb. 6.1, links).

Abb. 6.1: Die eingesetzten Sensorköpfe des SCOUT-Systems

Zusätzlich war der Sensorrechner mit einem Standardterminal für die Programmierung des Sensorsystems und einem Monitor zur Überwachung des Kamerabildes
verbunden. Als Handhabungsgerät stand ein Sechs-Achs-Industrieroboter IR 161 der
Firma KUKA mit 25 kg Tragkraft sowie eine Siemens RCM 3C-Robotersteuerung
zur Verfügung. Das Robotersystem wurde von der Herstellerfirma auf eine hohe
Bahngenauigkeit abgestimmt. Für die Kommunikation zwischen Sensorsystem und
Robotersystem wurde eine schnelle Sensorparallelbaugruppe mit dual-ported RAM
für den Eingriff im Feininterpolationstakt eingesetzt. Während der Konturverfolgung
wurden alle Roboterachsen vom Sensorsystem angesteuert, das somit die Bahnplanung vollständig übernahm. Da der Eingriff im Feininterpolationstakt erfolgte, konnten die dynamischen Robotereigenschaften bestmöglich genutzt werden. Die dynamischen Eigenschaften lassen sich durch Sprungantworten oder näherungsweise
durch die Geschwindigkeitsverstärkung K_V beschreiben. Die Grafiken in Abb. 6.2
zeigen die Übergangsfunktion der einzelnen Achsen bei einem Sollwertsprung von
1000 Achsinkrementen; die zugehörigen K_V-Werte lagen bei ca. 10 V_s und entsprechen somit einem heutigen Standardgerät.

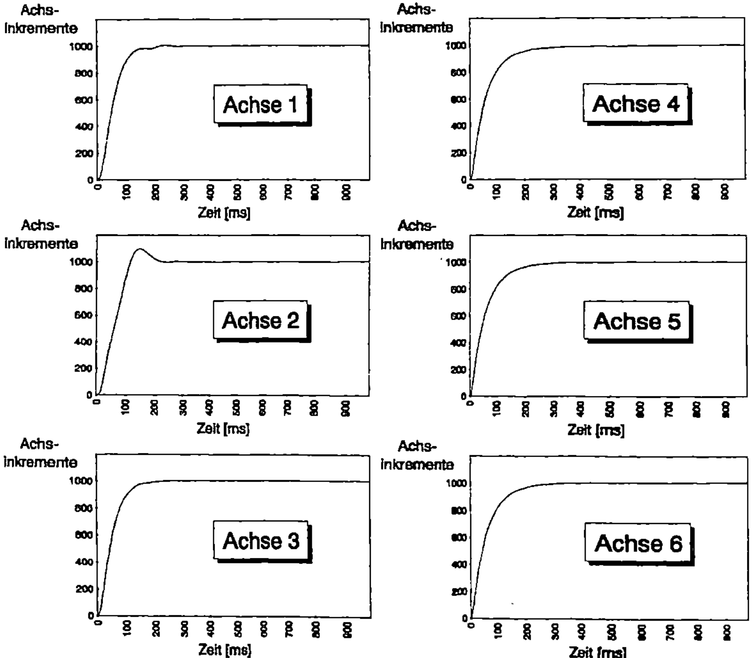

Abb. 6.2: *Die Sprungantworten der einzelnen Roboterachsen charakterisieren die
dynamischen Eigenschaften des Roboters*

6.1 Untersuchung der optischen Eigenschaften

Gute optische Eigenschaften des Sensorkopfes sind die Voraussetzung für einen störungsfreien Produktionseinsatz. Die Bildinformationen sind die primären Eingangsdaten für den Sensor. Sie bilden daher die Ausgangsbasis für alle weiteren Aufbereitungs- und Verarbeitungsschritte im Sensorsystem.

Eine wichtige Voraussetzung ist die Unempfindlichkeit gegen Störquellen wie die Umgebungsbeleuchtung und insbesondere das von Prozessen wie dem Schweißen ausgehende, oftmals intensive Licht. Aber auch unterschiedliche Oberflächenbeschaffenheiten der Werkstücke können die Einsatzsicherheit des Sensorsystems erheblich beeinflussen.

6.1.1 Automatische Helligkeitsanpassung

Die materialabhängigen Reflexionseigenschaften führen bei konstanten Belichtungsparametern für den CCD-Chip nur im Fall guter Abstimmung zu guten Bildinformationen. Bei schlecht reflektierenden Materialien kommt es zur Unterbelichtung, hell glänzende Oberflächen führen zu Überbelichtung. In beiden Fällen verschlechtert sich das Verhältnis von Nutzsignal zu Rauschen, der sogenannte Rauschabstand, da bei der Unterbelichtung der maximale Aussteuerungsbereich nicht ausgeschöpft und bei der Überbelichtung die Kamera übersteuert wird (Abb. 6.3 und 6.4). Verschärft wird das Problem durch Prozeßlicht während der sensorgeführten Bearbeitung. Eine adaptive Bildaussteuerung ist daher für den größten Teil der Anwendungsfälle unumgänglich.

Derzeit technisch eingesetzte Verfahren lassen sich in eine lokal und eine global wirkende Gruppe unterteilen. Den lokal wirkenden Verfahren sind CCD-Bildwandler mit "Antibloominggate" oder logarithmischer Empfindlichkeit zuzuordnen. Das Antibloominggate verhindert bei lokaler Überstrahlung ein Überfließen überschüssiger Ladungen auf benachbarte Pixel, sie werden über das Substrat abgeleitet. In der Praxis bewirken Antibloominggates jedoch häufig nur bedingt eine Verbesserung, da die Funktion erst aktiviert wird, nachdem im Bereich der Überstrahlung bereits eine Verbreiterung aufgetreten ist. Darüber hinaus werden auch nicht alle überschüssigen Ladungen abgeführt. CCD-Chips mit logarithmischer Empfindlichkeit erreichen einen deutlich höheren Dynamikbereich *(Chamberlain u. a. 1987)*. Erste flächige Bildwandler dieses Typs weisen aufgrund des Platzbedarfs für zusätzlich erforderliche Strukturen eine geringe sensitive Fläche auf. Zudem ist ihre Zeilen- und Spaltenzahl noch zu niedrig, um damit hohe Meßauflösungen realisieren zu können. Aufgrund dieser momentan noch vorhandenen Defizite sind sie zukünftigen Entwicklungen vorbehalten.

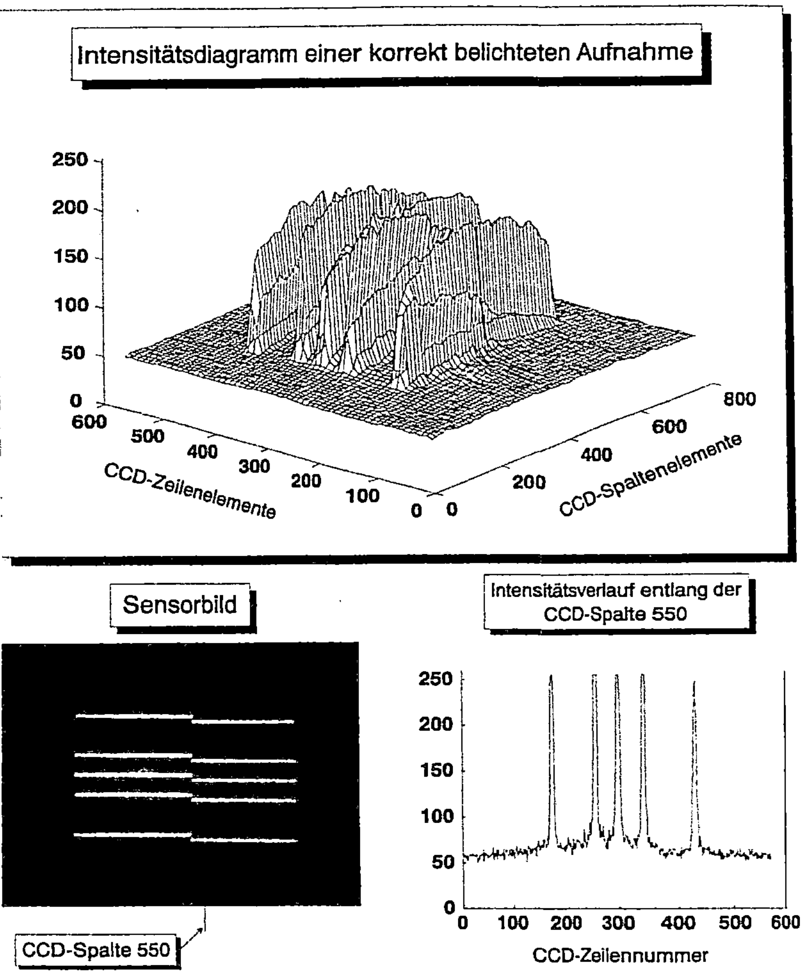

Abb. 6.3: Korrekt belichtetes Werkstück

Zur Gruppe der global wirkenden Verfahren zur Belichtungsregelung gehören die Regelung der Blendenöffnung, die Leistungsregelung des Beleuchtungslasers und die Anpassung der Belichtungszeit des CCD-Bildwandlers.

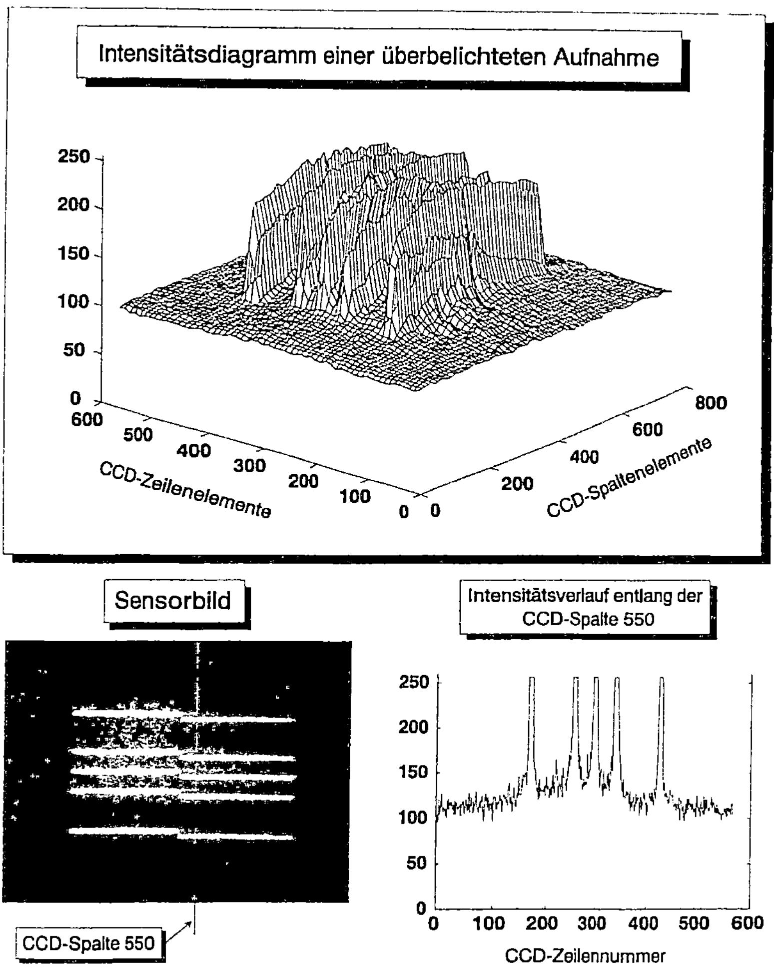

Abb. 6.4: Überbelichtete Aufnahme eines Werkstücks

Veränderliche Blenden sind üblicherweise mechanisch aufgebaut und benötigen daher eine mechanische Stelleinheit. Aufgrund ihrer begrenzten Dynamik sind sie für schnelle Anpassungen nicht geeignet. Eine Leistungsregelung für den Beleuchtungslaser ist einfach zu realisieren, hat jedoch den Nachteil, daß bei geringer Leistung für eine ausreichende Aussteuerung der Kamera eine längere Belichtungszeit eingestellt werden muß. Daher sind Verfahren, die mit konstanter maximaler Beleuchtungsleistung arbeiten und die korrekte Belichtung über eine variable Belichtungszeit erreichen, denen mit Beleuchtungslaserleistungssteuerung vorzuziehen.

Das grundsätzliche Problem bei den globalen Verfahren ist die schnelle Erfassung des Belichtungszustandes, um das entsprechende Stellsignal abzuleiten. Ein exakter Ansatz wäre die On-Line Erfassung des Ladezustandes jedes Pixels während der Aufnahme, um bei Erreichen des Maximalwertes die Belichtungszeit zu beenden. Somit wäre jedes Einzelbild korrekt belichtet. Aus technischen Gründen ist die Erfassung während der Bildaufnahme mit dem CCD-Chip derzeit nicht möglich. Daher bleiben zwei Ausweichstrategien zur Generierung eines Steuersignales für die Belichtungszeit. Im ersten Fall wird von einer bezüglich der Abtastrate langsamen Änderung des Beleuchtungszustandes ausgegangen. Dies ist insbesondere dann gegeben, wenn eine weitgehend konstante Oberflächenbeschaffenheit des Werkstückes vorliegt und die Beeinflussungen durch Leuchterscheinungen des Bearbeitungsprozesses vernachlässigbar sind, was insbesondere bei größeren Vorlaufstrecken der Fall ist. Gelten diese Voraussetzungen, kann durch die Auswertung der empfangenen Bilder die korrekte Belichtungszeit für die nachfolgenden Aufnahmen bestimmt werden. Der Vorteil bei diesem Verfahren ist, daß keine zusätzliche Hardware erforderlich ist. Nachteilig sind die für eine vollständige Auswertung erforderliche hohe Rechenleistung sowie die prinzipbedingten Totzeiten, die eine vergleichsweise langsame Regelcharakteristik bedingen. Trotz dieser Einschränkungen läßt sich dieses Verfahren erfolgreich im SCOUT einsetzen. Messungen haben jedoch gezeigt, daß bis zu 100 ms erforderlich sind, bis die korrekte Belichtung eingestellt ist.

Doemens und Schneider (1984) beschreiben, wie beim eindimensionalen Triangulationsverfahren die On-Line Erfassung des Belichtungszustandes durch einen zusätzlichen, in den Empfangslichtstrahl eingebauten, zeitkontinuierlichen Photodetektor realisiert werden kann. In *Horn (1994, S. 70 - 82)* wird der Aufbau eines Sensorkopfes zur schnellen Helligkeitsregelung vorgestellt, der auf dem gleichen Prinzip basiert. Diese Methode ist sehr effizient, da sie über ein separates Diodenarray die Beleuchtungsverhältnisse erfaßt und daher mit wesentlich geringeren Totzeiten eine hohe Regeldynamik für die Belichtungszeit erreichen kann. Bei diesem Verfahren wird über mehrere Pixelzeilen integriert, indem breite photoempfindliche Detektoren verwendet werden, was zu einer Verkürzung der Auswertezeiten beiträgt. Nachteilig bei diesem Konzept ist der erhöhte Hardwareaufwand und die Integration der Intensität über ganze Zeilenreihen, was somit zu gemittelten Werten für die Belichtungsregelung führt.

Beide Verfahren sind nicht in der Lage, die korrekte Belichtungszeit während der Bildaufnahme zu bestimmen. Dies ist jedoch eine Voraussetzung, um mit kurzem

Vorlauf fluktuierende Beleuchtungsstörungen, die vom Bearbeitungsprozeß ausgehen, auszuregeln. Da dies derzeit nicht realisierbar ist, muß durch geeignete Abschirmblenden und Filter dafür gesorgt werden, daß schnelle Störungen weitgehend unterdrückt werden können.

6.1.2 Einfluß der Konturgeometrie

Prinzipiell eignet sich jede Konturgeometrie, die vom menschlichen Auge eindeutig erkannt werden kann, für die sensorgestützte Konturverfolgung mit optischer Abtastung. Für eine sichere Detektion ist auch beim menschlichen Betrachter eine geeignete Beleuchtung der Kontur ausschlaggebend; dies gilt für technische Einrichtungen in noch stärkerem Maße. Beim hier untersuchten Mehrstreifenlichtschnittverfahren erzeugt eine temperatur- und damit frequenzstabilisierte Laserdiode eine strukturierte Beleuchtung. Bei der überwiegenden Anzahl von Anwendungen können Reflexionen am Bauteil zu einer Störung in der Bildverarbeitung führen. Die Gesamtreflexion an realen Bauteilen setzt sich näherungsweise aus einer ideal gerichteten und einer ideal diffusen Reflexion zusammen. Abb. 6.5 zeigt qualitativ die örtliche Intensitätsverteilung des reflektierten Lichtes eines realen Bauteils.

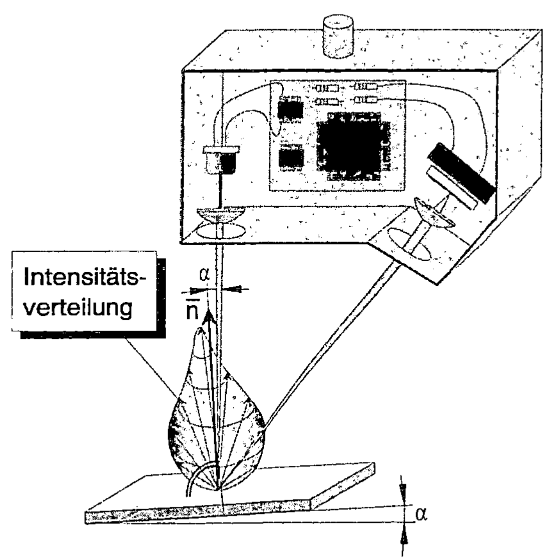

Abb. 6.5: Bauteilreflexion an einer matten Oberfläche

Je höher der Anteil an gerichteter Reflexion eines Bauteiles ist, um so problematischer erweist sich das Triangulationsprinzip, welches einen bestimmten Anteil an diffuser Reflexion voraussetzt. Abb. 6.6 zeigt vom Sensorsystem erfaßte Kehlnähte am Überlappstoß mit unterschiedlichem Reflexionsverhalten. Durch die Belichtungsregelung können nachteilige Einflüsse auf die Bilderfassung jedoch weitgehend kompensiert werden.

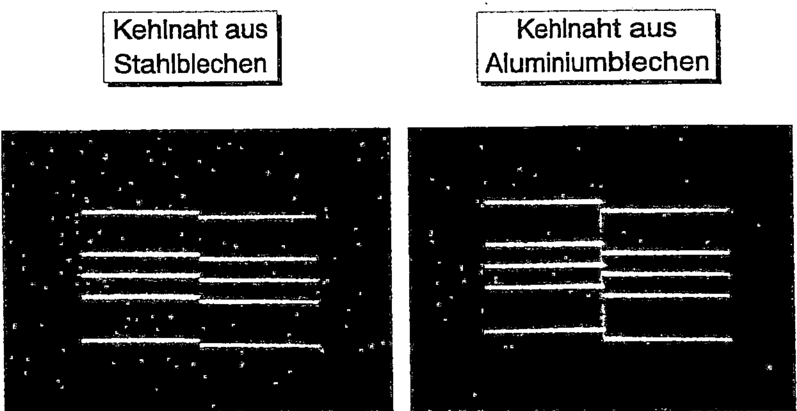

Abb. 6.6: *Unterschiedliche Oberflächeneigenschaften von Stahl- und Aluminiumblech führen nur zu leicht unterschiedlichem optischen Verhalten*

Eine andere Einflußgröße ist die Konturgeometrie selbst. Trotz unterschiedlicher Ausprägungen läßt sie sich über ihre optische Charakteristik in erster Näherung in drei Gruppen, nämlich konvexe, ebene und konkave Formen, einteilen. Konvexe und ebene Konturen, wie beispielsweise die Ecknaht oder die Kehlnaht am Überlappstoß, bereiten wenig Probleme. Von ihnen reflektiertes Licht gelangt nicht wieder auf das Werkstück, so daß keine störenden Effekte entstehen. Konkave Geometrien erzeugen hingegen je nach Oberflächenbeschaffenheit unterschiedliche, jedoch stets ausgeprägte Störreflexionen (Abb. 6.7).

Im Falle eines Aluminiumstrangpreßprofils mit stark spiegelnder Oberfläche erscheinen auf dem Videobild Reflexionslinien, die sich in ihrer Intensität nur unwesentlich von den Primärlinien unterscheiden (Abb. 6.8). In solchen Fällen muß die Bildverarbeitung um geeignete Algorithmen erweitert werden, die dieses Verhalten berücksichtigen und es sogar nach Möglichkeit gezielt auswerten, um damit eventuell die Genauigkeit zu steigern.

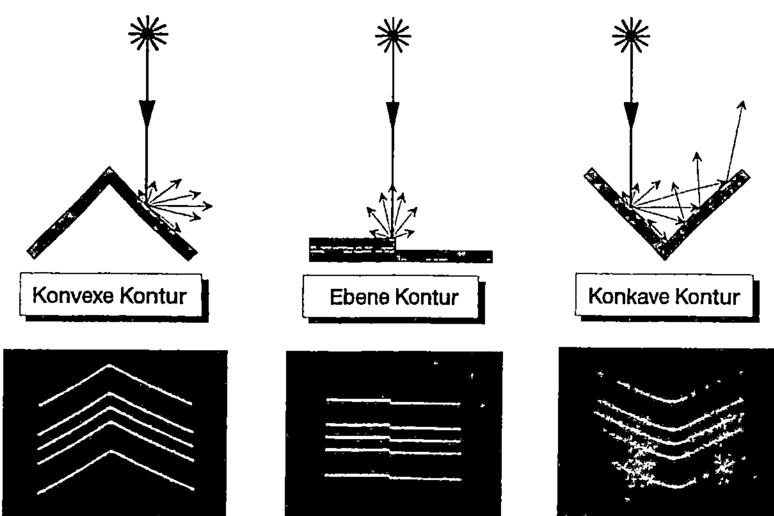

Abb. 6.7: Bauteilgeometrien beeinflussen das Reflexionsverhalten und können zu Störungen führen.

Oberflächen mit einem höheren Anteil an diffuser Reflexion führen zu einer unstrukturierten Mehrfachreflexion in konkaven Geometrien. Diese äußert sich aufgrund der Mikrostruktur der Oberfläche in Form von Rauschen, was eine Bildauswertung in Extremfällen unmöglich macht (Abb. 6.9). Abhilfe schafft hier eine an die spezielle Aufgabenstellung angepaßte Beleuchtung, indem beispielsweise der Beleuchtungswinkel optimiert oder die Werkstückoberfläche behandelt wird.

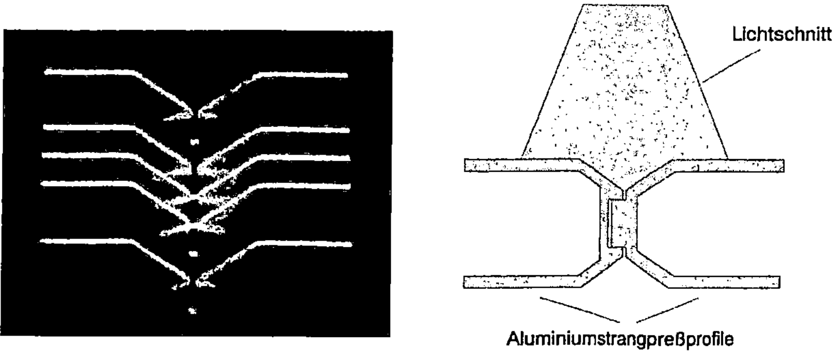

Abb. 6.8: Beeinflussung des Reflexionsverhaltens durch die Bauteilgeometrie und die Oberflächenbeschaffenheit

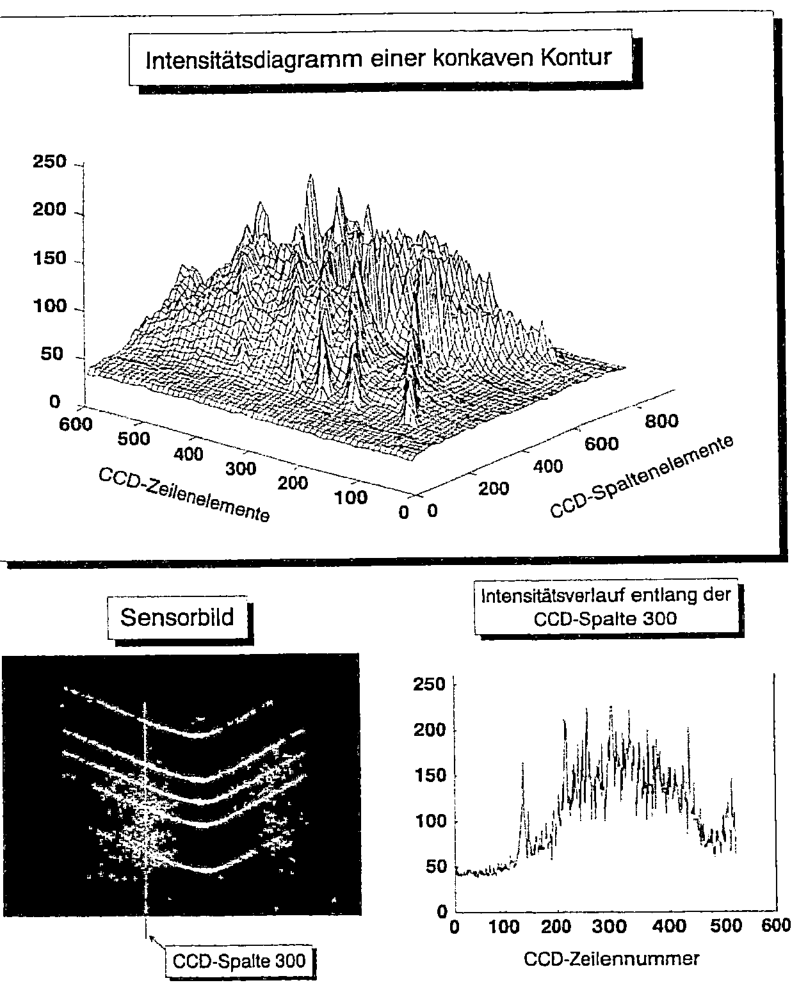

Abb. 6.9: *Ausgeprägtes Bildrauschen aufgrund von Mehrfachreflexionen in einer diffus reflektierenden konkaven Bauteilkontur*

Von immer größerer praktischer Bedeutung ist der Stumpfstoß bei Blechverbindungen. Diese Blechverbindungsform stellt sehr hohe Anforderungen an die Bauteilvorbereitung und an die Positionierung des Laserstrahls. Eine hohe Qualität der Schweißverbindung kann nur garantiert werden, wenn die Bleche ohne Spalt gefügt werden können. Insbesondere durch die zunehmende Verbreitung von "Tailored

Blanks" (siehe Kap. 7.2) wächst die Forderung nach einem Sensorsystem, das in der Lage ist, Stumpfstöße ohne Luftspalt sicher zu erkennen. Das konventionelle Lichtschnittverfahren versagt jedoch in diesem Fall, da im allgemeinen keine Höhenänderung durch die Stoßgeometrie vorliegt.

Gelöst wurde das Problem durch eine kombinierte Linien- und Grauwertbildauswertung. Hierzu werden abwechselnd im Sensortakt ein Linien- und ein Grauwertbild erzeugt und analysiert. Das Linienbild wird konventionell ausgewertet und enthält somit die Höhen- sowie die Orientierungsinformation, das Grauwertbild wird nach einem Intensitätssprung untersucht, welcher den Stoß charakterisiert und daher die Lateralinformation enthält. Durch die Vereinigung dieser beiden grundlegenden Beleuchtungsverfahren gelingt es mit diesem Sensorsystem, auch den äußerst problematischen Stumpfstoß ohne Luftspalt sicher zu erkennen und in allen Freiheitsgraden zu erfassen.

6.1.3 Einfluß der Vorschubbewegung

Während der Konturverfolgung führen die Lichtschnitte des Sensors eine Relativbewegung zum Werkstück aus. Betrachtet man zwei Sensorbilder, eines in Ruhe aufgenommen, eines in Bewegung (Abb. 6.10), so fällt auf, daß das Linienmuster im ruhenden Fall starke Intensitätsschwankungen innerhalb der Linien sowie ein "Ausfransen" an deren Begrenzungsrändern aufweist.

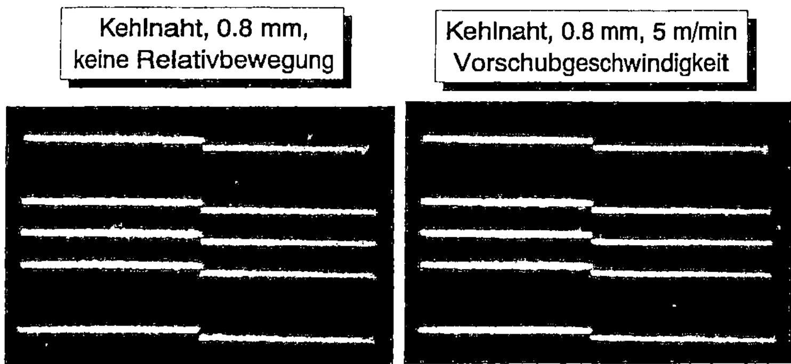

Abb. 6.10: Optische Filterwirkung rauher Oberflächen durch die Vorschubbewegung des Linienmusters

Dieses Verhalten läßt sich durch die Oberflächenstruktur begründen, da mikroskopische Unebenheiten eine Streuung des kohärenten Laserlichtes verursachen. Dies führt - makroskopisch betrachtet - zu Mehrfachreflexionen in konkaven Geometriestrukturen und äußert sich als Rauschen (Kap. 6.1.2). Mikroskopisch betrachtet interferiert das gestreute Licht und verstärkt sich dabei gegenseitig oder löscht sich aus. Dieses Verhalten ist typisch für Laserlicht, das auf eine rauhe Oberfläche trifft.

Bewegt sich das Linienmuster relativ zur beleuchteten Oberfläche, wirkt der Vorschub durch die stochastischen Mikrostrukturen der Oberfläche wie ein Tiefpaßfilter für die mit endlicher Belichtungszeit arbeitende Kamera. Bei Geschwindigkeiten, die deutlich über der Grenzgeschwindigkeit liegen, die sich über die Oberflächenmikrostrukturgröße und die Belichtungszeit abschätzen läßt, wird der Filtereffekt deutlich. Er vereinfacht durch die vergleichsweise scharfen Linienberandungen die Bildauswertung. Es erscheint daher günstig, bei vorgegebener Geschwindigkeit die Belichtungszeit zu maximieren. Dies hat jedoch zur Folge, daß Bahnrichtungsänderungen ebenfalls gefiltert werden, was zu einem Konturverschleifen führt. Das Resultat ist eine reduzierte laterale Meßgenauigkeit des Sensors. Besonders kritisch erweisen sich in diesem Fall Bahnsprünge, verursacht durch Ecken am Bauteil. In Abb. 6.11 ist dieser Effekt anhand unterschiedlicher Vorschubgeschwindigkeiten v_b, Sensorabtastraten T_{SA} und Konturknickwinkel α verdeutlicht.

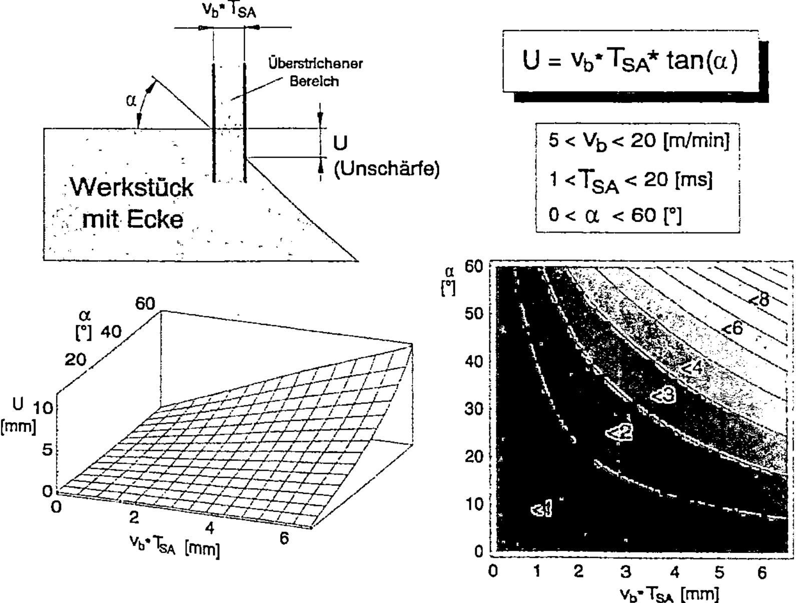

Abb. 6.11: Verschleifen von Bauteilgeometrien durch die Sichtfeldbewegung aufgrund endlicher Sensorabtastzeiten T_{SA}

Zusammenfassend kann festgehalten werden, daß sowohl die Belichtungszeit in Abhängigkeit von der geforderten Konturgenauigkeit als auch die optischen Eigenschaften der Bauteiloberfläche innerhalb ihrer physikalischen Grenzen optimiert werden sollten.

6.1.4 Störempfindlichkeit

In den vorangegangenen Punkten dieses Kapitels wurden eine Vielzahl unterschiedlicher Einflüsse auf die Bilderfassungsqualität unter statischen Bedingungen erörtert. Ein normaler Betrieb zeichnet sich jedoch auch durch kurzzeitige, zufällige Störungen aus, die durch den Sensor kompensiert werden müssen. In diese Gruppe fallen insbesondere prozeßinduzierte Helligkeitsschwankungen und Spritzer beim Schweißen. Das Problem der Helligkeitsschwankungen wurde bereits ausführlich in Kap. 6.1.1 behandelt, so daß an dieser Stelle vornehmlich Spritzer Gegenstand der Betrachtung sein sollen.

Bei Spritzern handelt es sich um schnelle Teilchen hoher Temperatur. Als Temperaturstrahler erzeugen sie Licht über ein weites Spektrum. Körper mit einer Temperatur von 1000 K erzeugen Licht, das bereits weit in das sichtbare Wellenspektrum reicht *(Hering u. a. 1989, S. 440 - 441)*. Durch ihre kontinuierliche Lichtemission sind optische Filter, die auf die Laserdiode abgestimmt sind, wirkungslos.

Spritzer entfernen sich bei unbeeinflußtem Flug strahlenförmig von der Schweißstelle in alle Richtungen mit unterschiedlicher Geschwindigkeit. Bei Verwendung eines vorlaufenden Sensors bewegen sie sich daher innerhalb des Sensorsichtfeldes nahezu senkrecht zu den projizierten Linien. Eine spaltenweise Differentiation des Bildes führt in Idealfall zu einer vollständigen Auslöschung der Spuren, so daß sie die anschließende Bildauswertung nicht stören.

Da sich Spritzer zentral von der Bearbeitungsstelle aus wegbewegen, ist es unvermeidlich, daß sie sich auch auf dem Sichtfenster des Sensors ablagern. Das Sensorsichtfenster befindet sich jedoch weit außerhalb der Schärfenebene des Sensors, so daß eingebrannte Spritzer lediglich einen leichten Schatten hervorrufen, sofern sie sich vor der Kamera befinden. Nehmen die Spritzer überhand, muß das Schutzfenster ausgewechselt werden. Setzen sich Spritzer hingegen auf der Projektorseite ab, kann dies zu einer Unterbrechung einzelner Linien führen, was sich negativ auf die Bildauswertung auswirkt, da die Primärinformation, nämlich das Linienmuster, fehlerhaft wird. Abhilfe kann eine zyklische Kontrolle der Qualität der erzeugten Lichtschnitte durch den Sensor schaffen.

Ein Effekt, der sich durch falsch eingestellte Parameter beim Laserschweißen ergeben kann, ist die Plasmaabschirmung *(Garnich & Lindl 1991)*. Sie schirmt das Bauteil von der Laserstrahlung teilweise oder vollständig ab, so daß nahezu die gesamte Energie des Laserstrahles in ein hell leuchtendes Plasma umgesetzt wird. Dieses intensive Leuchten kann zu einer vollständigen Übersteuerung des Sensors führen, der daraufhin keine Kontur mehr erkennen kann und somit die Bearbeitung beendet. Eine Abhilfemaßnahme ist die mechanische Abschirmung mit Hilfe eines Bleches zwischen Sensor und Bearbeitungsstelle, soweit es die Zugänglichkeit erlaubt.

Trotz des Auftretens grober Störeinflüsse, wie sie im vorangegangenen Kapitel beschrieben wurden, zeigten sich bei zahlreichen Untersuchungen unter extremen Bedingungen keine nennenswerten Beeinflussungen der Betriebssicherheit des Sensors, die nicht durch einfache Maßnahmen, sei es im Sensor selbst oder durch externe Vorkehrungen, weitgehend beseitigt werden konnten.

6.2 Untersuchungen zur Meßgenauigkeit

Die Einsatzbereiche eines Konturfolgesensorsystems hängen im wesentlichen von seinem räumlichen und zeitlichen Auflösungsvermögen ab (Kap. 3.3.1.2). Dieses muß besser sein, als der Prozeß es fordert, da weitere Glieder in der funktionalen Kette zusätzliche Fehler einbringen, die sich schließlich zu einem Gesamtfehler addieren. Im folgenden werden daher wichtige Eigenschaften des Konturfolgesensors erfaßt und quantifiziert.

6.2.1 Sichtbereichsvermessung

Die Sichtfeldgröße bestimmt zusammen mit der Auflösung der Kamera die erreichbare Meßauflösung. Da die Sichtfeldgröße zusammen mit dem Vorlauf die maximal möglichen Konturverläufe festlegt, kommen sowohl der Sichtfeldgröße als auch der erreichbaren Meßauflösung eine zentrale Bedeutung für die 3D-Konturverfolgung zu (vgl. Kap. 3.3.1.2 und 5.1). Das Linienmuster der verwendeten Sensorköpfe hatte bei Normabstand eine Größe von ca. 10.5 x 18.5 mm, der zweite Wert entspricht dabei der Linienlänge. Alle Messungen wurden mit demselben Konturtyp, der Kehlnaht am Überlappstoß, durchgeführt.

Für die Versuchsdurchführung wurde das Meßwerkstück sowohl in normaler als auch in lateraler Richtung mit Hilfe orthogonaler Meßtische bewegt. Zusätzlich wurde die Neigung des Sensors zum Blech sowohl in Schlepp- als auch in Lateralrichtung um jeweils ± 10° variiert.

Im Fall der senkrechten Ausrichtung des Sensors ergab sich eine Sichtfeldhöhe von ca. 30 mm, der laterale Sichtbereich bewegte sich in einer Größenordnung von 13 und 15 mm. Die Differenz zwischen tatsächlicher und nutzbarer Sichtfeldbreite ergab sich aufgrund der gewählten Kontur. Der Sensor muß für eine eindeutige Erkennung den Verlauf des Werkstücks links und rechts der Kontur mit in die Bildauswertung einbeziehen. Die hierfür vorgesehene Breite war für die Messungen auf 2 mm eingestellt. Bei einer Verkippung des Sensorkopfes reduziert sich die Sichtfeldhöhe auf 23 bis 25 mm.

Faßt man die Ergebnisse aus den Meßreihen zusammen, ergibt sich eine nutzbare Sensorsichtfeldgröße von mindestens 13 mm in lateraler und 23 mm in normaler sowie ca. 10 mm in Bahnrichtung. Die vergleichsweise geringe Sichtfeldbreite erfordert daher für eine Vielzahl von Anwendungen eine Sichtfeldnachführung.

6.2.2 Statische Auflösung

Die statische Auflösung beschreibt die Meßgenauigkeit des Sensors in lateraler und normaler Richtung, ohne eine Relativbewegung während der Messung auszuführen. Ein Glättungseffekt des Linienmusters, wie in Kap. 6.1.3 beschrieben, fand bei diesen Messungen nicht statt. Sie geben daher aufgrund der leicht verrauschten Meßlinien die Mindestauflösung des Sensors wider.

Für die Messung der Lateralgenauigkeit wurde das Werkstück mittels eines Meßtisches um jeweils 5 mm in beide Richtungen relativ zur Nullposition bewegt, so daß die gesamte Meßstrecke 10 mm betrug. Dieser Vorgang wurde für verschiedene Höhen im Bereich zwischen 0 und 22 mm durchgeführt. Es ergaben sich über den gesamten untersuchten Bereich Meßabweichungen, die unterhalb von 0.05 mm lagen und somit den Anforderungen in Kap. 3.3.1 entsprachen.

Die Messungen zur normalen oder Abstandsmeßgenauigkeit wurden ebenfalls mit dem Meßtisch durchgeführt, indem die Höhe des Bauteils zum Sensor in 4 mm Schritten geändert wurde. Insgesamt wurde ein Höhenbereich von 20 mm vermessen. Gleichzeitig wurde die Höhe des Bauteils an drei um jeweils 4 mm lateral versetzten Positionen gemessen. Die Messungen ergaben eine höhenabhängige Abweichung des Meßwertes. Die Abweichungen lagen näherungsweise auf einer Geraden, deren Endpunkt bei 0.15 mm lag (Abb. 6.12). Dies deutet auf einen Fehler in der sensorinternen Kalibrierung hin, zumal diese Meßwerte gut reproduzierbar und somit die Fehler systematischer Natur waren.

Geht man davon aus, daß es sich bei den Meßfehlern in normaler Richtung um einen Fehler in der Kalibrierung handelt, kann zusammenfassend festgestellt werden,

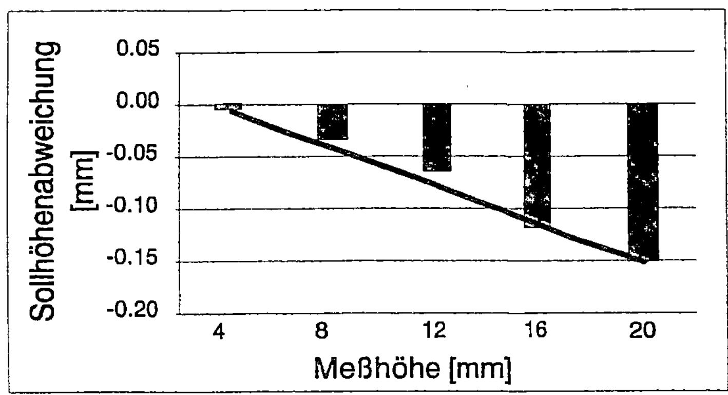

Abb. 6.12: Vermessung der Abstandsgenauigkeit in unterschiedlichen Positionen

daß das Sensorsystem die ursprünglich geforderte Meßauflösung besser als 0.05 mm in einem weiten Meßbereich einhalten kann.

6.2.3 Führungsgenauigkeit des Roboter-Sensor-Systems

Da es sich bei der Ermittlung der Führungsgenauigkeit um eine sehr komplexe Aufgabenstellung handelt, wurden drei Wege beschritten, die jeweils unterschiedliche Aspekte beleuchten. Im ersten Ansatz wurde ein geradliniges Meßlineal benutzt, auf dessen Oberseite eine Kehlnaht eingefräst wurde. Als Werkzeug kamen zwei orthogonal angebrachte optische Abstandssensoren mit einer Meßauflösung von 0.01 mm zum Einsatz, die die Lage des so simulierten Werkzeuges in normaler und lateraler Richtung aufzeichneten. Die Konturverfolgung wurde mit konstanter Orientierung durchgeführt, um Fehler aufgrund von Drehbewegungen des Werkzeugs auszuschließen. Im zweiten Ansatz wurden mit Hilfe eines Bearbeitungslasers Ritzspuren versetzt zur verfolgten Kontur in das Werkstück eingebracht. Orientierungsänderungen während der Konturverfolgung waren zugelassen und auch notwendig, um die Bahn verfolgen zu können. Die dritte Untersuchungsmethode bediente sich einer Sichtprüfung, indem einerseits die Bahn des Justierlasers der CO_2-Laseranlage beobachtet wurde, andererseits Laserschweißungen an Musterbauteilen durchgeführt und beurteilt wurden. Alle Versuche wurden mit dem in diesem Kapitel beschriebenen Knickarmroboter durchgeführt.

6.2.3.1 Führungsgenauigkeit am Meßlineal

Dieser Aufbau erlaubt unmittelbar die Vermessung der Führungsgenauigkeit des Gesamtsystems. Die Anforderungen an die Dynamik sind aufgrund der geradlinigen Bewegung jedoch nicht so hoch wie bei gekrümmten Bahnen. Da sich bei einem Knickarmroboter jedoch auch bei geraden Bahnverläufen alle Achsen bewegen, lassen die hier gewonnenen Ergebnisse Rückschlüsse auf den allgemeinen Bearbeitungsfall zu.

Die vom Sensor erzeugte Bahn ist überlagert von Zitterbewegungen, die im wesentlichen auf den Roboter bzw. seine Steuerung zurückzuführen sind. Ähnliche Konturverläufe ergeben sich, wenn die Bahn vom Roboter ohne Sensoreingriff gefahren wird. Eliminiert man diese Zitterbewegungen durch Filtern, ergeben sich die Bahnabweichungen, die im wesentlichen vom Sensoreingriff herrühren (Abb. 6.13). Sie erreichen Werte von ca. ± 0.15 mm, die weitgehend unabhängig von der Vorschubgeschwindigkeit sind.

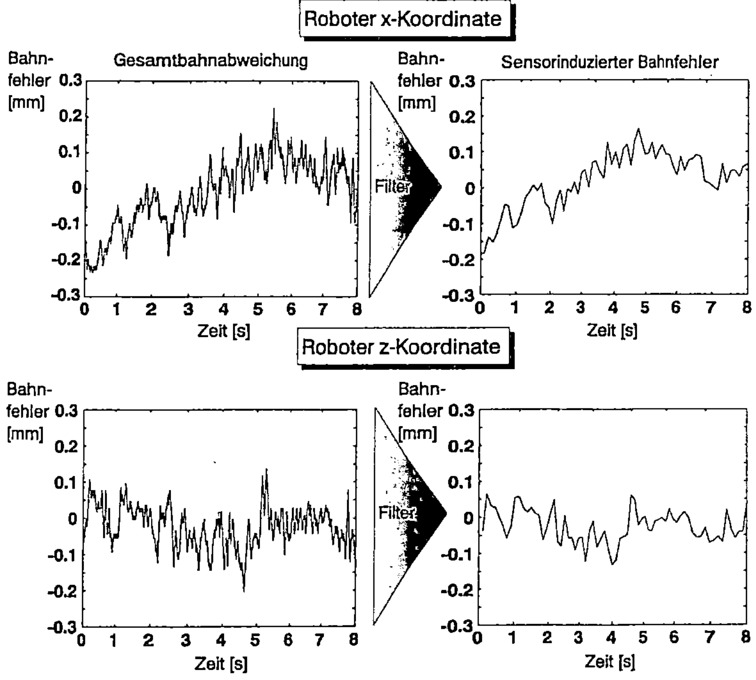

Abb. 6.13: Führungsgenauigkeit des Roboters entlang eines Meßlineals mit Sensorsteuerung.

6.2.3.2 Auswertung von Ritzspuren

Zur Erzeugung von Ritzspuren wurde ein CO_2-Bearbeitungslaser eingesetzt, dessen Fokus einmal ca. 0.5 mm und im zweiten Fall ca. 2 mm parallel versetzt zur Naht eine Markierung in das Werkstück einbrachte. Die Bahn setzte sich aus zwei Geraden und drei tangential ineinander übergehenden Kreisbogensegmenten zusammen (siehe Abb. 6.14).

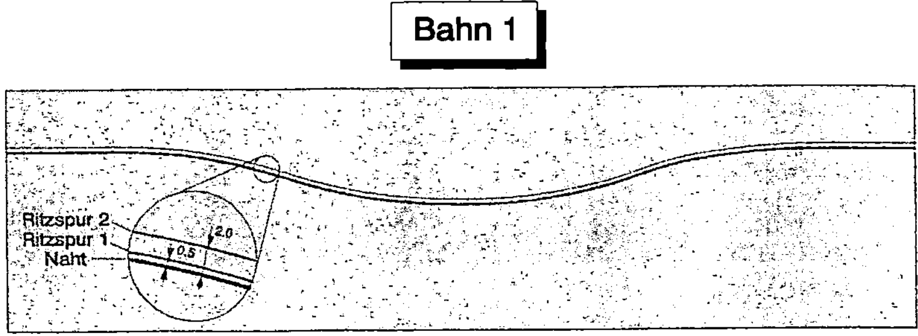

Abb. 6.14: Bahnverlauf von Bahn 1

Die hier erfaßten Bahnabweichungen waren ebenfalls kaum geschwindigkeitsabhängig. Die Abweichungen zur Sollbahn lagen bei ca. ± 0.5 mm. Betrachtet man die Meßpunkte zweier zusammengehöriger Bahnen, fällt auf, daß sie sich in ihren örtlichen Abweichungen sehr ähneln (Abb. 6.15). Wertet man diese Abweichungen aus, erhält man relative Bahnabweichungen von ± 0.15 bis ± 0.25 mm, die in ihrer Größenordnung mit denen aus Kap. 6.2.3.1 übereinstimmen.

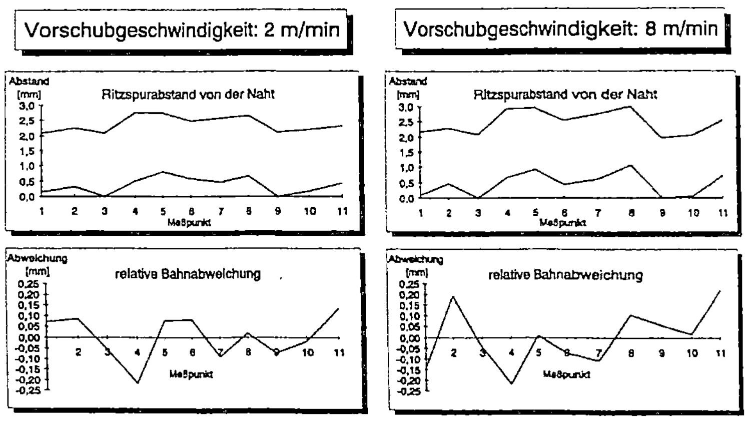

Abb. 6.15: Bahnabweichungen von der Sollbahn

Das bedeutet gleichzeitig, daß die großen absoluten Abweichungen durch die Orientierungsänderungen verursacht werden und somit im wesentlichen auf eine ungenaue Werkzeugkorrektur zurückzuführen sind. Zusätzlich erfordert das Abfahren der
Kontur Reversierbewegungen in den Handachsen, deren Spiel bislang nicht in der
Sensorbahnplanung berücksichtigt wird. Der Laserfokus hatte bei den Untersuchungen einen Abstand von 485 mm vom Roboterhandflansch, was zu einem spielbedingten Bahnfehler von ca. 0.13 mm führt (vgl. Kap. 5.3.1).

6.2.3.3 Bewertung von Testschweißungen

Eine abschließende Bewertung der Bahnführungseigenschaften erfolgte durch
Schweißungen an Testbauteilen. Beim Schweißen kam ein CO_2-Bearbeitungslaser
mit einer Ausgangsleistung von 5 kW zum Einsatz. Als Testkonturen dienten die
oben beschriebene Kontur (Bahn 1, Abb. 6.14) sowie eine Bahn, die sich aus
unterschiedlichen Radien und Sprüngen zusammensetzte (Abb. 6.16), im folgenden
als Bahn 2 bezeichnet. Neben den eigentlichen Schweißungen wurde auch eine
visuelle Kontrolle und Beurteilung der Fokusbewegungen durchgeführt. Für beide
Bahnen sind Orientierungsänderungen während der Konturverfolgung unumgänglich,
da die Richtungsänderungen der Bahnen größer sind als die erlaubten Grenzknickwinkel ohne Orientierungsänderung (siehe Kap. 5.1).

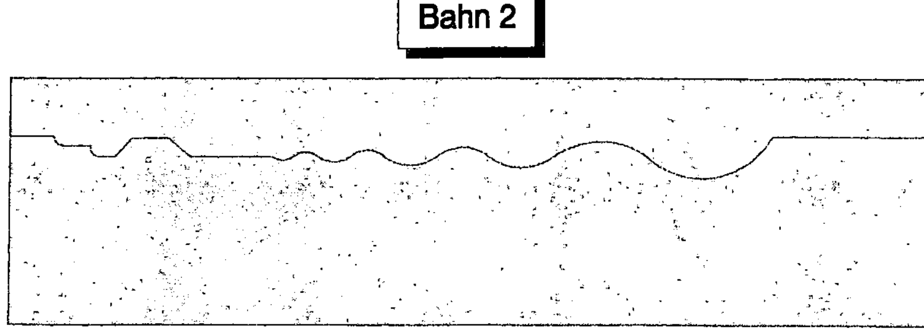

Abb. 6.16: Bahnverlauf von Bahn 2

Bahn 1 wurde mit Geschwindigkeiten bis 10 $^m/_{min}$ abgefahren, geschweißt werden
konnte aufgrund der begrenzten Laserleistung jedoch nur bis 6 m/min. Bis zu
Geschwindigkeiten von 5 $^m/_{min}$ ist ein durchgängiges, ruhiges Bahnfahren möglich.
Höhere Geschwindigkeiten erregen den Roboter im Anfangsbereich zu leichten
Schwingungen; diese werden hervorgerufen durch die größere Lateralgeschwindigkeit bzw. -beschleunigung, die bei höheren Vorschubgeschwindigkeiten notwendig
sind, um den Laserfokus an den seitlich versetzten Nahtanfang zu führen. Diese

Anfangsschwingungen verschwinden, wenn sich die Position des realen Nahtanfangs mit dem durch die Programmierung vorhergesagten Nahtanfang deckt. Darüber hinaus führen starke Änderungen der Krümmungsrichtung der Bahn, wie sie an Wendepunkten auftreten, zu Reversierbewegungen der Roboterachsen, die vom Sensor ausgeglichen werden und bei hohen Bahngeschwindigkeiten ebenfalls zur Schwingungsanregung führen können. Diese Schwingungen besitzen relativ kleine Amplituden und klingen schnell ab, so daß sie an der Schweißung zwar zu erkennen sind, die Qualität der Schweißnaht aber nur unwesentlich beeinflussen.

Bahn 2 erlaubt demgegenüber nur geringere Geschwindigkeiten. Im Gegensatz zu Bahn 1, die sich ohne zusätzliche Bahnprogrammierung im Sensorrechner bei allen untersuchten Geschwindigkeiten abfahren ließ, mußten für Bahn 2 zusätzliche Orientierungsanweisungen zur Verdrehung des Sensorkopfes programmiert werden. In Abb. 6.17 sind die Bahnen des Sensorsichtfeldes und des Bearbeitungslasers für beide Testkonturen dargestellt.

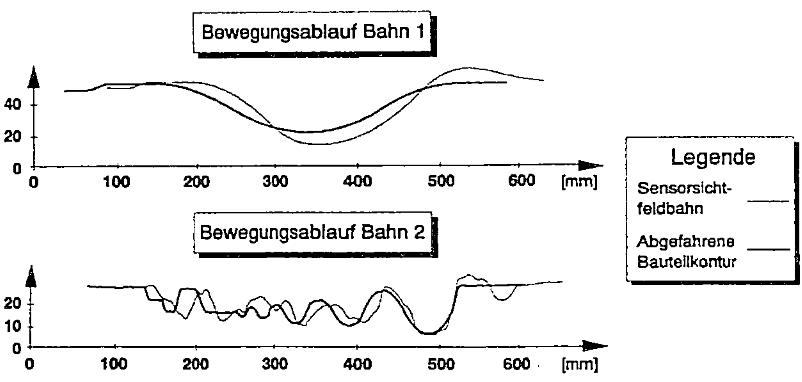

Abb. 6.17: Bahnverlauf und Sensorsichtfeldverlauf von Bahn 1 und 2

Bei einer Geschwindigkeit von 1 $^m/_{min}$ ließ sich diese Bahn durchgängig abfahren und auch verschweißen. Höhere Geschwindigkeiten bis 2.5 $^m/_{min}$ führten aufgrund der begrenzten Roboterdynamik etwa in der Mitte des größten Radius zum Abbruch der Nahtverfolgung, da die für einen ruhigen Bahnverlauf notwendige Orientierungswinkelfilterung die Richtungsänderung des Sensor zu träge machte, um dem Konturverlauf an dieser Stelle folgen zu können. Geschwindigkeiten über 3 $^m/_{min}$ führten aufgrund einer hohen Schwingungsneigung zu keinem befriedigenden Ergebnis mehr.

Eine deutliche Verbesserung könnte in diesem Fall eine hochdynamische, schnelle Zusatzachse für die Sensorsichtfeldnachführung bewirken.

Dieselben Versuchsreihen wie im ebenen Fall wurden an gebogenen Testbauteilen mit identischen Konturen und einem Biegeradius von ca. 1000 mm durchgeführt. Sie wurden sowohl konvex als auch konkav zur Vorschubrichtung gebogen. Die zusätzlich erforderlichen Orientierungsänderungen beeinflußten das Bahnverhalten nur unwesentlich, so daß die Ergebnisse aus den obigen Untersuchungen auch für diese gebogenen Werkstücke Gültigkeit besitzen.

Für abschließende Schweißversuche wurde Bahn 1 an acht Stellen um jeweils +10° oder -10° geknickt (vgl. Abb. 6.18). Bei den ersten Versuchen kam es insbesondere bei den konvexen Knicken zum Abbruch der Konturverfolgung. Dies war darauf zurückzuführen, daß die Sensorhöhe auf Null eingestellt war, der Sensorkopf also bezüglich der Höhe eine Asymmetrie besitzt. Durch eine Verschiebung des Sensorkopfes konnte dies angepaßt werden, so daß die Nahtführung ebenfalls ähnliche Ergebnisse wie im ebenen Fall lieferte. Erst Knickwinkel mit 20° führten zu einer Reduzierung der maximalen Geschwindigkeit auf Werte um 2 $^m/$ min. Dies war auf den vergleichsweise großen Vorlauf von ca. 52 mm für diese Untersuchungen zurückzuführen (siehe auch Kap. 5.1).

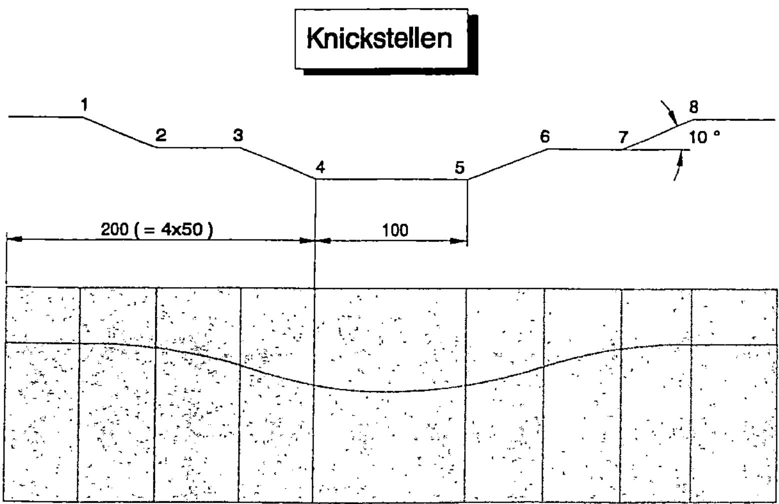

Abb. 6.18: Bahnverlauf mit konkaven und konvexen Knickstellen

Alle hier durchgeführten Untersuchungen zeigten, daß mit diesem Sensor-Roboter-System anwendungsabhängig 10 $^m/_{min}$ und mehr erreicht werden können, wobei gleichzeitig die Genauigkeitsanforderungen für das Laserschweißen eingehalten wurden. Aber auch die Grenzen dieses Systems konnten aufgezeigt werden, die auch durch den Sensor, aber insbesondere durch die Eigenschaften des Roboters bestimmt wurden.

7 Anwendungsbeispiele

Im vorangegangenen Kapitel wurden Untersuchungen an Musterbauteilen durchgeführt, die Strukturelemente realer Bauteile enthielten. In diesem Kapitel soll ein Überblick über eine begrenzte Anzahl von möglichen Anwendungen gegeben werden, deren wirtschaftliches Potential sich bereits klar abzeichnet.

7.1 Laserschweißen der Kehlnaht am Überlappstoß

An erster Stelle soll hier das Laserschweißen von Kehlnähten am Überlappstoß stehen. Dieser Nahtform wird seit geraumer Zeit großes Interesse von Seiten der Industrie entgegengebracht. Besonders die Automobilindustrie rechnet sich wirtschaftliche Vorteile durch die Einführung dieser Technologie in der Großserienfertigung aus. Dabei stehen zwei Anwendungsbereiche im Vordergrund: erstens die Verbindungstechnik von Blechbaugruppen mit dem Karosseriegrundkörper und zweitens das Dichtschweißen von Karosserieanbauteilen.

Der Hauptvorteil der Kehlnaht liegt im gleichzeitigen Fügen und Abdichten der Naht sowie in einer deutlichen Festigkeitssteigerung gegenüber der alternativen Punktschweißverbindung. Weitere Vorteile sind die Material- und somit Gewichtseinsparung durch Reduzierung der Flanschbreiten, der günstigere Kraftfluß bei Querbeanspruchung, der größere tragende Nahtquerschnitt verglichen mit Überlappverbindungen sowie die einfachere Verschweißung beschichteter Bleche. Eine Gegenüberstellung von Schliffbildern der heute weit verbreiteten lasergeschweißten Überlappnaht und der Kehlnaht findet sich in Abb. 2.3.

Einziger Nachteil dieser Nahtform ist die erforderliche hohe Fokuspositioniergenauigkeit, die nur durch ein geeignetes Konturfolgesystem im Serieneinsatz sichergestellt werden kann.

Eine weite industrielle Verbreitung hat das Laserschweißen der Dachnaht gefunden. Sie wird derzeit jedoch ausnahmslos als Überlappverbindung ausgeführt, was eine anschließende Nahtabdichtung erfordert. Die Spanntechnik, ein Kernproblem beim Laserschweißen, hat sich seit den ersten Einsätzen dieser Fügetechnik *(Hornig 1992)* stark gewandelt (Abb. 7.1). Heute wird fast ausschließlich die flexible Spanntechnik mit Andrückrolle *(Hanicke 1992)* oder Andrückfinger *(Eckl 1995)* eingesetzt. Für die Umstellung von Überlappstoß auf Kehlnaht müßte in die bestehende Anlagentechnik lediglich ein Sensorsystem zur Konturverfolgung integriert werden, der Arbeitsgang des Abdichtens würde damit entfallen.

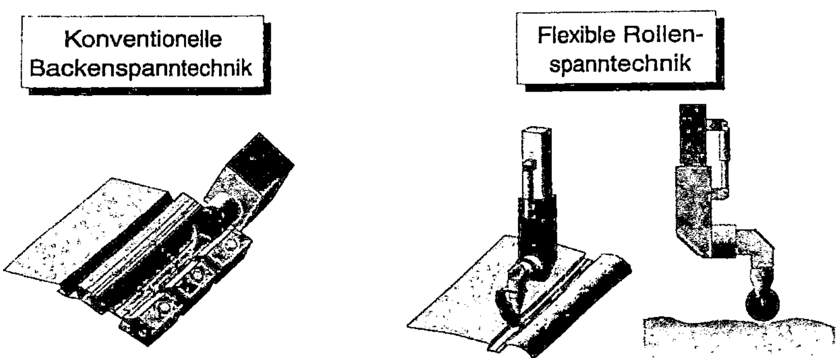

Abb. 7.1: *Verschiedene Ansätze zur Spanntechnik für das Dachnahtschweißen im Automobilbau*

Etwas aufwendiger ist die Umstellung für das Dichtschweißen von Karosserieanbauteilen. Die derzeitige Fügetechnik benutzt Klebstoff, um die Außenhaut mit der Trägerkonstruktion zu verbinden. Nach dem Falzvorgang sind je nach Stabilität des Bauteils zusätzlich Schweißpunkte erforderlich, da der Klebstoff erst während des Einbrennens des Lackes aushärtet. Desweiteren ist auch hier ein Abdichten des Falzes zum Korrosionsschutz erforderlich. An den Stellen der Punktschweißverbindungen kommt es aufgrund thermischer Reaktionen zu einer Zersetzung des Klebstoffes, was potentielle Korrosionsherde verursacht.

Der Übergang vom oben beschriebenen Fertigungsverfahren zur lasergeschweißten Kehlnaht erfordert eine komplette Umstellung der Anlagen- und Fertigungstechnik in diesem Bereich. Die Vorteile sind jedoch offensichtlich. Neben dem Wegfall der umweltschutz- und recyclingtechnisch problematischen Klebstoffe und Dichtungsmittel reduziert sich die Anzahl der Arbeitsschritte von drei auf einen. Eine Faustregel aus der Praxis bezüglich der Wirtschaftlichkeit von Laseranlagen besagt, daß der Lasereinsatz sich üblicherweise dann rechnet, wenn entweder Bauteile oder Fertigungsschritte eingespart werden können. Diese Voraussetzung ist in diesem Fall sogar deutlich übererfüllt, so daß diese Verfahrensumstellung ein hohes Wirtschaftlichkeitspotential in sich birgt. Untersuchungen an Heckklappen und Türen haben gezeigt, daß sich selbst die hier vorliegende Dreiblechverbindung aus einseitig verzinkten Blechen dicht und mit hoher Qualität verschweißen läßt (Abb. 7.2).

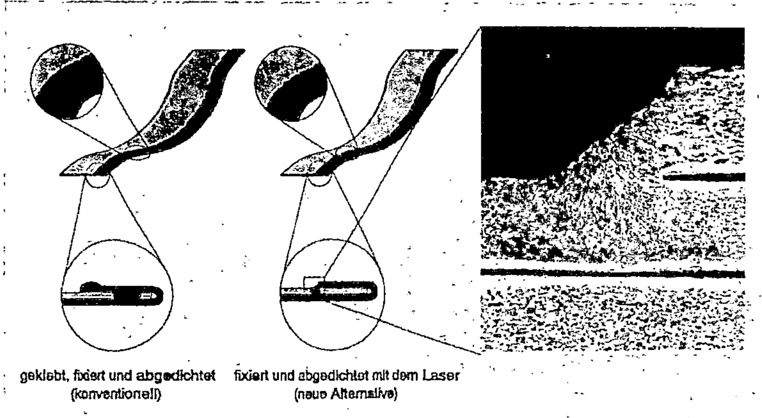

Abb. 7.2: *Gegenüberstellung heutiger Fertigungsmethoden und sensorgestützt lasergeschweißter Kehlnähte an einseitig verzinkten Blechbauteilen*

Der Laser ist dafür so einzustellen, daß nur die beiden oberen Bleche verbunden werden. Die Untersuchungen an Serienbauteilen haben jedoch auch gezeigt, daß sich heute an diesen Bauteilen keine durchgängig dichte Naht erzeugen läßt. Hierfür sind drei Gründe anzuführen. Erstens erlaubt die Ausbildung der Ecken keine definierte Laserschweißung, da es hier zu zufälligen Materialanhäufungen durch den Falzvorgang kommt. Zweitens ist die Falztechnik derzeit üblicherweise nicht in der Lage, an Sicken einen geringen Luftspalt zu garantieren (er beträgt derzeit an kritischen Stellen deutlich mehr als die Materialstärke). Drittens führt die konstruktive Gestaltung heutiger Bauteile zu Kollisionsproblemen mit der Laserdüse. Zusammenfassend können diese Probleme mit dem Stichwort "Fertigungsgerechte Konstruktion" beschrieben werden. Derzeitige Konstruktionen sind auf die aktuellen Fertigungsverfahren abgestimmt. Bei Neukonstruktionen muß daher bereits frühzeitig die gewünschte Fertigungs- und Anlagentechnik einfließen *(Reinhart 1994)*.

Lasergerecht konstruierte Anbauteile lassen sich dann sowohl durch die konventionelle Anlagentechnik für das sensorgeführte Laserschweißen als auch durch die inverse Kinematik bearbeiten. Der inversen Kinematik ist dabei in der Regel der Vorzug zu geben (siehe Kap. 5.6).

7.2 Laserschweißen von Stumpfstößen

Laserschweißen von Stumpfstößen ist eine bewährte Technik, die zum Verschweißen von Rohren sowohl in Längs- als auch in Umfangsrichtung *(Welsing 1989)* und ebenen Blechplatinen *(Prange u. a. 1994, Milberg 1994b)* seit vielen Jahren im Einsatz ist. Abgesehen von wenigen Ausnahmen, wie dem Verschweißen der C-Säule in der Mercedes S-Klasse *(Schunter 1992)*, handelt es sich hierbei stets um ebene oder quasi-ebene Anwendungen mit geradlinigen Nähten, somit im wesentlichen um eindimensionale Aufgabenstellungen. Eine geeignete Nahtvorbereitung und eine massive Anlagentechnik garantieren die Einhaltung der geforderten Genauigkeiten.

Die Nachfrage nach "Tailored Blanks", sogenannten maßgeschneiderten Blechplatinen, steigt stetig. Mit dieser Technik können anforderungsgerechte Platinen für die Weiterverarbeitung hergestellt werden. Dabei setzen sich die Platinen aus zugeschnittenen Fragmenten unterschiedlich dicker Bleche mit unterschiedlicher Festigkeit und Beschichtung zusammen, die mit dem Laser im Stumpfstoß verschweißt werden (Abb. 7.3). Nach dem Umformvorgang erhält man Bauteile, die keine weiteren Versteifungen an kritischen Stellen benötigen und dabei gleichzeitig gewichtsoptimal sind.

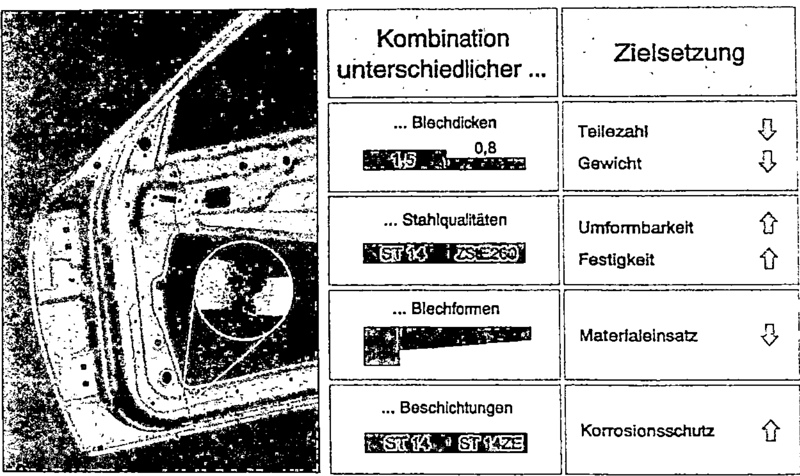

Abb. 7.3: Tailored Blanks am Beispiel eines PKW-Tür-Innenteils mit höherer Steifigkeit im Bereich der Scharniere

Mit der derzeitigen Anlagentechnik können jedoch nur geradlinige Trennlinien realisiert werden. Die Weiterentwicklung dieser Technologie erfordert insbesondere aus Gewichtsersparnisgründen eine noch bessere Anpassung der Tailored Blanks an die Endanforderungen des Bauteils. Dies läßt sich nur durch eine Abkehr von den geradlinigen Schnittkanten erreichen. In der Folge sind völlig neuartige Anlagenkonzepte für die Produktion solcher Platinen erforderlich. Ein erfolgversprechender Ansatz führt ebenfalls zum Einsatz eines Konturfolgesensors. Da die vorgeschaltete Fragmentvorbereitung aus Gründen der schweißtechnischen Qualität einen Nullspalt garantieren muß, muß auch das Sensorsystem in der Lage sein, an völlig spaltfrei positionierten Blechen eine sichere Nahterkennung zu garantieren. Hierfür eignet sich die Grauwertbildauswertung mit kombinierter Lichtschnittechnik wie in Kap. 6.1.2 beschrieben. Mit dieser Technik ist die flexible Produktion von vollständig den Kundenwünschen angepaßten Blechplatinen möglich.

Ein anderes Einsatzgebiet kann die Feinpositionierung des Laserfokus bei der Rohrverschweißung sein, da auch hier die sichere Positionierung durch die bestehende Anlagentechnik nicht immer garantiert ist. Die Ausschußrate kann durch die Integration eines Sensors deutlich reduziert werden.

Außerdem birgt der Sensor ein hohes Potential für den Einsatz des Stumpfstoßes in räumlichen Anwendungen. Obwohl in vielen denkbaren Einsatzfällen die serientaugliche Bauteilvorbereitung mit ihren hohen Anforderungen noch nicht gelöst ist, bietet der Stumpfstoß im Vergleich zu anderen Nahtformen die höchste Festigkeit. Zusätzlich kann der Stumpfstoß auch im Außenhaut- bzw. Sichtbereich eingesetzt werden.

7.3   Dichtungsraupenauftrag

In Kap. 7.1 wurde bereits die Notwendigkeit von Dichtungsraupen im Zusammenhang mit der Vermeidung von Spaltkorrosion diskutiert. Automatisierter Dichtungsmittelauftrag kompensiert derzeit mangelnde Genauigkeit in der Bauteilposition durch überschüssigen Materialauftrag. Dies ist aus umwelttechnischer, aber auch aus wirtschaftlicher Sicht keine optimale Lösung. Auch in diesem Fall kann ein Konturfolgesystem sinnvoll eingesetzt werden, indem die abzudichtende Kontur erfaßt und vermessen wird, wodurch das Mundstück exakt positioniert und der Massenstrom des Dichtungsmittels optimal gesteuert werden kann.

7.4 Klebeverbindungen

Für den Klebstoffauftrag werden derzeit Bahngenauigkeiten im Bereich von ca. 1 mm gefordert. Bauteile für Kleberanwendungen werden üblicherweise mit einer hohen Genauigkeit gefertigt, so daß eine bauteilindividuelle Konturerfassung nur sehr selten erforderlich ist. Da typische Klebstoff- oder auch Dichtungsmittelbahnen eine sehr komplexe Geometrie aufweisen können, bietet sich der Sensoreinsatz zur automatischen Bahngenerierung an. Dies erweist sich insbesondere hinsichtlich der gewünschten hohen Bahngeschwindigkeit von 30 m/min und mehr als sehr hilfreich, da der Sensor die Bahnstützpunkte für das Bewegungsprogramm unter dem Einfluß dynamischer Bahnabweichungen mißt und somit eine wesentlich höhere Genauigkeit beim anschließenden sensorlosen Betrieb zeigt als typische Teach-In-Programme, die aufgrund ihrer statischen Stützpunktgenerierung oftmals zeitaufwendig angepaßt werden müssen.

7.5 Kantenschleifen, Fasen schneiden, Gußputzen

Ein nach wie vor in vielen Fällen ungelöstes Problem der Produktionstechnik ist das automatisierte Entgraten im weitesten Sinne. Hierzu gehören auch das Verschleifen von Kanten, das Schneiden von Fasen und das Gußputzen. Auch hier besteht die Aufgabe darin, ausgezeichneten Konturen zu folgen. Diese sind Kanten an Werkstücken oder durch die Trennebenen der Gußform erzeugte Gußgrate. Auch hierfür bieten sich optische Sensoren an, obwohl auch andere, beispielsweise kraftgeführte Verfahren *(Schmid u. a. 1989)*, erfolgreich entwickelt wurden. Besonders problematisch für die Bildverarbeitung erweisen sich Gußgrate, da sie zu starken Abschattungen führen können und sich in einer oftmals komplexen Topologie befinden, was zu Fehlinterpretationen führen kann. Ein Ansatz zur Lösung dieser Problematik liefert neben der konventionellen Bildverarbeitung die Fuzzy-Logik *(Hwa-Cho 1993)*.

Gerade das Gebiet des automatisierten Entgratens stellt eine Herausforderung an die Forschung dar, da bislang in erster Linie spezielle Lösungen existieren *(Kugelmann 1993)*, die nur schwer an andere Aufgabenstellungen angepaßt werden können.

7.6 Laserhärten an Werkzeugen

Das gezielte Härten von Bauteilen mit dem Laser wird seit mehreren Jahren betrieben. Hauptvorteil ist die gezielte und gut dosierbare Wärmeeinbringung in hochbelasteten Bereichen der Werkzeuge. Bislang wurden in erster Linie einfache Geometrien wie Zylinderbuchsen oder hochbeanspruchte Laufschienen mit dem Laser gehärtet. Ein neues Anwendungsgebiet stellt das sensorgestützte Laserbahnhärten dar. Hier werden vorzugsweise Bahnen an kompliziert geformten Werkstücken definiert gehärtet. Voraussetzung für eine Qualitätssteigerung gegenüber konventionellen Werkzeugen ist eine genaue Plazierung der Härtespur entlang der verschleißgefährdeten Kontur. Hier erweist sich der Sensoreinsatz als wirtschaftlich günstig, da diese Art von Werkzeugen üblicherweise Einzelanfertigungen beispielsweise zum Tiefziehen sind und somit die Programmierzeiten beim manuellen Teach-In die reine Bearbeitungszeit weit übersteigen würden.

7.7 Programmgenerierung zum Laserschneiden

Die Programmgenerierung für Laserschneidanlagen erfolgt im Bereich des 3D-Schneidens üblicherweise durch Teachen an der Laseranlage oder einer speziellen Meßmaschine. Da Laserschneidanwendungen sich aus Kosten- und Zeitgründen nicht für die Großserienproduktion eignen, stellen die langen Programmierzeiten der aufwendigen Bahnen einen wesentlichen Anteil der anfallenden Kosten pro Auftrag dar. Ein Ansatz, der zunehmend Verbreitung findet, ist die Off-Line Programmierung von Laserbahnen auf Basis von 3D-CAD-Daten *(Schwarz 1993)*.

Ein anderer Ansatz zur automatisierten Programmgenerierung basiert auf dem Einsatz eines Konturfolgesensors, der in der Lage ist, Anrißlinien zu erkennen und zu verfolgen. Hierfür kann der Stumpfstoßsensor mit seiner kombinierten Bildauswertung eingesetzt werden, da eine Anrißlinie aufgrund der erzeugten Kontraständerung leicht zu erkennen ist. Die Weiterverarbeitung der vom Sensor gelieferten Daten kann auf zwei Arten erfolgen. Entweder wird die abgefahrene Bahn unmittelbar als Bewegungsprogramm an die Maschine übertragen (Kap. 5.7) *(Produktion 1994)*, oder die Bahnstützpunkte mit ihren Normaleninformationen werden an ein Off-Line Programmiersystem übertragen, das daraus eine vereinfachte Geometriedarstellung des Werkstückes ableitet, indem entlang der Bahn ein Streifen generiert wird, der senkrecht zur Normaleninformation verläuft. Der Vorteil dieser Geometriedaten gegenüber "konstruierten" CAD-Daten ist, daß sie exakt der realen Bauteilgeometrie entsprechen, somit Fertigungsungenauigkeiten und insbesondere das Aufsprungverhalten von Tiefziehbauteilen berücksichtigen.

7.8 Nullpunktkorrekturen bestehender Roboterprogramme

Neben dem Haupteinsatzzweck der Konturverfolgung kann das hier vorgestellte Sensorsystem auch zur genauen Positionsvermessung von Bauteilen verwendet werden, wenn deren Lage innerhalb der Bearbeitungsstation größeren Schwankungen unterliegt. Aus diesen Daten kann eine Nullpunktkorrektur bestimmt werden, die zur Anpassung bestehender Bewegungsprogramme an die aktuelle Bauteilposition dient. Diese Erweiterung des Aufgabengebietes bietet sich insbesondere in kombinierten Anlagen an, die mit mehreren Robotern ausgerüstet sind und sowohl Punkt- als auch Bahnschweißaufgaben durchführen. Damit kann der an den für Bahnschweißaufgaben zuständigen Roboter angebrachte Sensor vor Bearbeitungbeginn die Lage des Bauteiles bestimmen und die Nullpunktkorrekturen für die anderen Roboter errechnen. Andernfalls ist hierfür eine zusätzliche Gerätetechnik mit aufwendiger Sensorik für die Positionsvermessung erforderlich *(Perceptron 1993)*.

7.9 Bauteilinspektion und Qualitätssicherung

Ein weiteres Einsatzgebiet für einen Konturfolgesensor kann die Qualitätssicherung sein. Hierfür wird der Sensor üblicherweise nachlaufend installiert. Er steuert in diesem Anwendungsfall nur die Position seines Sichtfeldes und wertet die Kontur hinsichtlich eventueller Fehler aus. Ein typisches Einsatzfeld wäre die Überwachung einer Klebstoff- bzw. Dichtungsmittelbahn, die unmittelbar vorher aufgetragen wurde. Zu überprüfen ist in diesem Fall im wesentlichen die Durchgängigkeit der Bahn. Treten Unterbrechungen beispielsweise bei einer Dichtungsmittelspur auf einer Getriebegehäusehälfte auf, die eine definierte Grenze überschreiten, kann es zu Undichtigkeiten an dem fertig montierten Getriebe kommen, was erhebliche Nacharbeitskosten verursacht. Der Sensor muß daher den Bediener auf diese Gefahr hinweisen. Auch diese Anwendung ist ein typisches Einsatzgebiet für die inverse Kinematik. Dadurch, daß der Roboter das Werkstück handhabt, kann die komplexe Dosiereinrichtung stationär aufgebaut werden, es müssen keine langen Schläuche oder Rohre von der Pumpe zum Mundstück verlegt werden, das mit Dichtungsmittel behandelte Bauteil kann ohne Zwischenschritte direkt durch den Roboter gefügt werden oder im Fehlerfall in der Nachbearbeitungsstation abgelegt werden.

Ein sehr ähnlich gelagertes Problem ist die Kontrolle der Nahtoberraupe beim Verschweißen von Tailored Blanks. Sie darf einerseits ein gewisses Höchstmaß nicht überschreiten, um Beschädigungen der Tiefziehwerkzeuge zu vermeiden, andererseits ist eine Mindesthöhe erforderlich, um eine ausreichende Festigkeit zu garantieren.

8 Zusammenfassung und Ausblick

"Unter den Blinden ist der Einäugige König". Dieses Sprichwort charakterisiert in treffender Weise den innerhalb dieser Arbeit erreichten Stand der 3D-Konturverfolgung. Betrachtet man die Systemlösungen der heutigen Automatisierungstechnik, so zeigt sich schnell, daß diese Anlagen vielfach lediglich eine geringe Flexibilität besitzen. Sie sind nur bedingt in der Lage, selbst auf einfache Veränderungen ihres Umfeldes oder ihrer Aufgabenstellung eigenständig zu reagieren.

Bei der Entwicklung von Robotern werden größte Anstrengungen unternommen, deren Dynamik und Genauigkeit zu erhöhen, ihre Programmierung zu vereinfachen und die Kosten zu senken. Weitgehend unberücksichtigt bleibt dabei die Ausrüstung mit sensorischen Eigenschaften. Dieses Faktum resultiert nicht zuletzt aus dem Selbstverständnis von Roboterherstellern, die die Sensorik als reine Zuliefertechnik betrachten, die sich daher weitgehend an den Gegebenheiten der Roboter orientieren muß. Dies führte in der Vergangenheit lediglich zu suboptimalen Systemlösungen.

Die Erschließung neuer, zunehmend komplexerer Aufgabenfelder für Roboter setzt den verstärkten Einsatz hochflexibler Sensortechnik voraus.

Im Rahmen dieser Arbeit wurde ein System zur schnellen und hochgenauen On-line-3D-Konturverfolgung konzipiert und in Zusammenarbeit mit einem industriellen Partner realisiert und zur Marktreife entwickelt. Für dieses neu zu entwickelnde System werden die Anforderungen abgeleitet, wobei in erster Linie vom Bearbeitungsfall des 3D-Bahnschweißens mit Hochleistungsbearbeitungslasern ausgegangen wird. Dieses Verfahren gibt hinsichtlich Genauigkeit sowie Geschwindigkeit die derzeit schärfsten Randbedingungen für einen Sensoreinsatz vor. Eine anschließende Analyse derzeit verfügbarer physikalischer Meßprinzipien führt schnell zu dem Ergebnis, daß optische Verfahren aufgrund ihrer großen Meßabstände sowie hoher Meßauflösung bei gleichzeitig großen Abtastraten, die besten Ausgangsvoraussetzungen besitzen. Als das aufgrund der gestellten Anforderungen geeignetste Verfahren erweist sich das Lichtschnittverfahren, wobei hier wiederum eine Variation, das Mehrstreifenlichtschnittverfahren, ausgewählt wird.

Im nächsten Schritt wird ein Gesamtkonzept erarbeitet, das sich neben der reinen Sensorsystemtechnik auch intensiv mit den Fragestellungen der mechanischen und informationstechnischen Integration beschäftigt. Die eigentliche Bahnplanung und Bewegungsprogrammierung befaßt sich neben der Kalibrierproblematik mit unterschiedlichen Konzepten der Bewegungsführung. Einerseits wird das bislang ausschließlich angewandte Verfahren mit bewegtem Werkzeug und Sensorkopf beschrieben, wobei zwischen Realisierungen mit und ohne Orientierungsänderungen unterschieden wird. Andererseits wird die "inverse Kinematik" mit Sensorführung vorgestellt, die das Werkstück unter feststehendem Werkzeug und Sensor bewegt, was mit einer Vielzahl von Vorteilen einhergeht. Ein anschließender Vergleich beider Bewegungskonzepte zeigt unter anderem in einer grafischen 3D-Simulation die Überlegenheit der inversen Kinematik in vielen Bereichen, insbesondere im Hinblick auf die hohe Beweglichkeit, den zelleninternen Materialfluß und die stets prozeßtechnisch optimale Bearbeitungsposition. Diese führt ihrerseits zu geringen Anlagenkosten und höheren Bearbeitungsgeschwindigkeiten. Neben der sensorgeführten On-Line Konturverfolgung werden auch Anlagenkonzepte vorgestellt, die einen Konturfolgesensor als Teachhilfe zur schnellen Roboterprogrammgenerierung komplexer Bahnen einsetzen. Abgeschlossen wird der Bereich der Bahnplanung mit Überlegungen zu Sicherheitsaspekten und zur Kollisionsvermeidung.

Die Leistungsfähigkeit und die Grenzen des realisierten Sensorsystems werden anhand verschiedener Meß- und Prüfaufbauten, aber auch in praktischen Anwendungsfällen untersucht. Gegenstand der Messungen sind sowohl die statische als auch die dynamische Genauigkeit eines realisierten Sensor-Roboter-Systems. Darüber hinaus bilden die optischen Eigenschaften und hier insbesondere die Störungstoleranz des Sensors einen wesentlichen Bestandteil der Tests. Die Ergebnisse der Untersuchungen, insbesondere in der praktischen Anwendung, können die Leistungsfähigkeit des neuen Sensorsystems eindrucksvoll demonstrieren. Gleichzeitig wird als Schwachstelle im Gesamtsystem in erster Linie der Roboter erkannt, der aufgrund mangelnder Dynamik und Genauigkeit die begrenzende Komponente darstellt.

Abschließend werden ein Reihe von Anwendungsbeispielen vorgestellt und diskutiert, die jedoch nur einen Bruchteil der möglichen Applikationen darstellen. Denn so wie der Appetit beim Essen oder der Gedanke beim Reden kommt, werden weitere Anwendungsgebiete erst durch den intensiven Einsatz dieser Technologie erkannt werden.

Die hier vorgestellten Anwendungen stehen in vielen Fällen vor einer direkten industriellen Umsetzung oder befinden sich bereits im täglichen Einsatz. Weitere Anwendungen werden folgen und so zu einer weiteren Qualifizierung der Produktionsautomatisierung durch die gelungene Integration von Sensorik in die Robotik führen, zwei wesentlichen Kernkomponenten zur Erhaltung der Wirtschaftlichkeit durch die Automatisierung zunehmend anspruchsvollerer Aufgabenstellungen.

9 Literaturverzeichnis

Bässman & Besslich 1989
> Bässman, H.; Besslich, W.: Konturierte Verfahren in der digitalen Bildverarbeitung. Berlin: Springer, 1989.

Bauer & Trunzer 1994
> Bauer, L.; Trunzer, W.: 3D-Laseranlagen off-line programmieren. Schweizer Maschinenmarkt 96 (1995) 41, S. 22-25.

Blüschke & Schmucker 1993
> Blüschke, A.; Schmucker, U.: Die Wirbelstromzeile - ein neuer Sensor zur Erkennung von Konturen und Materialeigenschaften metallischer Körper. Presseinformation Sensor 93. Nürnberg: Oktober 1993.

Bronstein & Semendjajew 1985
> Bronstein, I. N.; Semendjajew, K. A.: Taschenbuch der Mathematik. 22. Aufl. Thun: Harri Deutsch, 1985.

Cannata & Grosso 1994
> Cannata, G.; Grosso, E.: Active Eye-Head Control. In: Robotics and Automation, IEEE 1994, S. 2837-2843.

Carasso u. a. 1982
> Carasso, M. G. u. a.: The Compact Disc Digital Audio System. Phillips tech. Rev. 40, 1982, Nr. 6.

Chamberlain u. a. 1987
> Chamberlain, S. G. u. a.: CCD image sensors for high speed inspection systems. SPIE Vol. 849 Automated Inspection and High Speed Vision Architectures. 1987, S. 2-10.

CIS 1994
> CIS (Hrsg.): Funktionsweise und Einsatzgebiete der CIS Sensorik. Handbuch zum CIS 3D-Sensorsystem. München: 1994.

Denavit & Hartenberg 1955
> Denavit, J.; Hartenberg, R.S.: A Kinematic Notation for Lower-Pair Mechanisms Based on Matrices. ASME Journal of Applied Mechanics Vol. 22, 1955, S. 215-255.

Dietrich 1985
> Schutzrecht P3502634.0 Deutsche Patentanmeldung (26.1.1985). Dietrich, J.: Optisch-elektronischer Entfernungsmesser.

Dillmann & Huck 1991
> Dillmann R.; Huck, M.: Informationsverarbeitung in der Robotik. Berlin: Springer, 1991, S. 141-191.

Dirndorfer 1993
> Dirndorfer, A.: Robotersysteme zur förderbandsynchronen Montage. Berlin: Springer, 1993. (iwb Forschungsberichte 63).

Doemens und Schneider 1984
Doemens, G.; Schneider, R.: Einrichtung zur Erfassung einer Ortskoordinate eines Lichtpunktes. Offenlegungsschrift DE 3319320 A1. 1984.

Drews & King 1975
Drews, P.; King, F. J.: Automatic seam tracking in arc welding by an optical method. In: Second Int. JWS Symposium, 1975.

Drews & Zunker 1989
Drews, P.; Zunker, L.: Echtzeit-Bahnplanung eines Roboters unter Sensoreinsatz. Robotersysteme (1989) 5, S. 213-218.

Drunk & Hild 1990
Drunk, G.; Hild, N.: Sensortechnik. In: Warneke, H.-J.; Schraft, R. D. (Hrsg.): Industrieroboter. Berlin: Springer 1990, S. 86-111.

Eckl 1995
Eckl, F.: Laserschweißen im Karosseriebau. 3. Vortrag Arbeitsgruppe Laser-Materialbearbeitung (ALM), Feb. 1995.

Eder u. a. 1991
Eder, T. u. a.: Zellensteuerung. Berlin: Springer, 1991. (Fachberichte Messen Steuern Regeln 24).

Faber & Lindenau 1985
Faber, W.; Lindenau, D.: Taktile Sensoren zur Automatisierung in der Schweißtechnik. ZIS-Mitteilungen 27, Nr. 12 (1985), S. 1290-1296.

Falldorf 1995
Falldorf, H.: Nahtverfolgungssystem als geschlossenes Funktionsmodul. In: Bremer Institut für angewandte Strahltechnik (Hrsg.), Bias bulletin, 1995.

Feldmann u. a. 1994
Feldmann, K. u. a.: Fast Sensory Feedback for Demanding Robot Applications in New Technologies. 25th ISIR 1994, S. 549-554.

Föhr 1990
Föhr, R.: Photogrammetrische Erfassung räumlicher Informationen aus Videobildern. Dissertation RWTH Aachen, 1990.

Garnich 1992
Garnich, F.: Laserbearbeitung mit Robotern. Berlin: Springer, 1992. (iwb Forschungsberichte 50).

Garnich & Lindl 1991
Garnich, F.; Lindl, H.: Plasma Spectroscopy in Laser Beam Welding. In: Waidelich, W.: Laser in der Technik, München. Berlin: Springer 1993, S. 424-428.

Garnich & Schwarz 1990
Garnich, F.; Schwarz, H.: Laser führt Laser. Roboter (1990), S. 14-18.

Hagl 1989
Hagl, R.: Parameteroptimierung. Im Seminar: Die Lageregelung von numerisch gesteuerten Maschinen. Stuttgart: FISW GmbH, 1989.

Hanicke 1992
> Hanicke, L.: Es ist soweit! Laserschweißen in der Automobilserie. In: Highlander Congress + PR (Hrsg.): European Laser Marketplace '92, Hannover 1992, S. 195-199.

Heckmann 1994
> Heckmann, A.: Optische Oberflächenmeßtechnik als Basis für die CAD-Modellierung. VDI-Z 136 (1994) 3, S. 65-73.

Hering u. a. 1989
> Hering, E. H. u. a.: Physik für Ingenieure. 3. Auflage. Düsseldorf: VDI-Verlag 1989.

Hesse 1989
> Hesse, S.: Robotertechnik. VEB Bibliographisches Institut Leipzig 1989.

Horn 1994
> Horn, A.: Optische Sensorik zur Bahnführung von Industrierobotern mit hohen Bahngeschwindigkeiten. Berlin: Springer, 1994. (ISW Universität Stuttgart, Forschung und Praxis 103).

Hornig 1992
> Hornig, J.: Lasermaterialbearbeitung in der Automobilindustrie. In: Milberg, J. (Hrsg.): Lasertechnologie integriert in den Produktionsprozeß. München 1992.

Howah 1990
> Howah, L.: Ein Beitrag zum Aufbau visueller, autonomer Geometriesensoren und zur Integration in computergestützte Fertigungssysteme. Dissertation Universität Bochum, 1990.

Hügel 1992
> Hügel, H.: Strahlwerkzeug Laser. Stuttgart: Teubner, 1992.

Hügel 1993
> Hügel, H. (Hrsg.): Dynamische Simulation eines schnell positionierenden Roboters in Leichtbauweise mit Innenstrahlführung. In: Sonderforschungsbereich 349 - Hochdynamische Strahlführungs- und Strahlformungseinrichtungen für die räumliche Bearbeitung mit Laserstrahlen. Stuttgart, 1993.

Hütte 1989
> Czichos, H. (Hrsg.): Hütte - Die Grundlagen der Ingenieurwissenschaften. 29. Aufl. Berlin: Springer, 1989.

Hwa-Cho 1993
> Hwa-Cho, Y.: Sensordatenauswertung mit Fuzzy-Logik für das automatisierte Entgraten. München: Hanser 1993. (Produktionstechnik - Berlin, Forschungsberichte für die Praxis 128).

ISO 9283
> ISO 9283: Leistungskriterien und zugehörige Testmethoden. Brüssel: Europäisches Komitee für Normung 1992.

Kaierle u. a. 1994
> Kaierle, St. u. a.: Sensor-/Actuator Field Bus for Control of Laser Manufacturing Systems. In: Geiger, M.; Vollertsen, F. (Hrsg.): Laser Assisted Net Shape Engineering, Erlangen. Bamberg: Meisenbach 1994, S. 661-668.

Kreamer u. a. 1986
> Kreamer, W.; Kohn, M.; Finlay, J.: Vision-guided robotic turret welding system. In: Proceedings of the Robots 10 Conference, Chicago Illinois 1986, S. 13-26.

Kreuzer u. a. 1994
> Kreuzer, E. J. u. a.: Industrieroboter - Technik, Berechnung und anwendungsorientierte Auslegung. Berlin: Springer, 1994.

Kroth 1991
> Kroth, E.: Auf gekrümmten Konturen. Roboter (1991), S. 44-46.

Krupp 1992
> Krupp: Nahtsuch- und Nahtverfolgungssystem LASSY. Produktinformation der Fa. Krupp Forschungsinstitut, 1992.

Kugelmann 1993
> Kugelmann, F.: Einsatz nachgiebiger Elemente zur wirtschaftlichen Automatisierung von Produktionssystemen. Berlin: Springer, 1993. (iwb Forschungsberichte 67).

Kuhnert 1993
> Kuhnert, K. D.: A 3D Sensor for Laser Welding. In: 26th International Symposium on Automotive Technology and Automation - Dedicated Conference on Laser Applications in the Automotive Industries. Aachen. Croydon: Automotive Automation Limited 1993, S. 203-211.

Linden & Lindskog 1980
> Linden, G.; Lindskog, G.: A control system using optical sensing for metal-inert gas arc welding. In: Proceeding TWI Conference, 1980.

MEL 1994
> MEL Mikroelektronik GmbH: Laser-Scanner zur Konturerfassung. Eching: 1994.

Milberg & Lindl 1993
> Milberg J.; Lindl H.: Technologieorientiertes Simulationsverfahren für das Laserstrahlschweißen von Überlappverbindungen. In: Geiger M.: Hollmann F. (Hrsg.): Strahl-Stoff-Wechselwirkung in der Laserstrahlbearbeitung. Bamberg: Meisenbach 1993, S. 95-101.

Milberg u. a. 1992
> Milberg, J. u. a.: Untersuchungen zum 3D-Laserbearbeiten mit Industrierobotern. Abschlußbericht BMFT-Projekt 13N5547/0. München, 1992.

Milberg u. a. 1994a
Milberg, J. u. a.: Unsere Stärken stärken - Der Weg zu Wettbewerbsfähigkeit und Standortsicherung. In: Milberg, J.; Reinhart, G. (Hrsg.): Münchener Kolloquium '94 Unsere Stärken stärken - Der Weg zu Wettbewerbsfähigkeit und Standortsicherung, München. Landsberg/Lech: Moderne Industrie 1994, S. 13-31.

Milberg u. a. 1994b
Milberg, J.: Matching the Needs of Product and Process: Lasers in Development and Production. In: Geiger, M.; Vollertsen, F. (Hrsg.): Laser Assisted Net Shape Engineering. Bamberg: Meisenbach 1994, S. 669-686.

Moctezuma 1994
Moctezuma, J. u.a.: Robotic Surgery and Planning for Corrective Femur Osteotomy. In: IROS'94, Intelligent Robots and Systems, Advanced Robotic Systems and the Real World, München. Piscataway 1994, S. 870-877.

Moss 1986
Moss, J. A.: Attributes and limitations of a laser-based vision system for robotic arc welding. In: Proceedings of the Robots 10 Conference, Chicago Illinois 1986, S. 11-22.

Müller & Schweizer 1987
Müller, S.; Schweizer, M.: Robotertechnik - Einführung mit Anwendungsbeispielen für die Praxis. Landsberg/Lech: Moderne Industrie 1987. (Die Biliothek der Technik 1).

Myllylä u. a. 1993
Myllylä, R.; Kostamovaara, J.; Moring, I.; Määttä, K.: Laser Radar Parameters for 3D-Measurements. In: Waidelich, W.: Laser in der Technik, München. Berlin: Springer 1994, S. 244-247.

Nayak & Ray 1993
Nayak, N.; Ray, A.: Intelligent Seam Tracking for Robotic Welding, London: Springer, 1993.

Neumann u. a. 1984
Neumann, W.; Hellinger, J.; Martin, U.: Nahtverfolgung durch taktile Sensoren. ZIS-Mitteilungen 26, Nr. 6, (1984), S. 639-645.

Nietsch & Kaierle 1994
Nietsch, H.; Kaierle, S.: Der Schweißnaht auf der Spur. Roboter (1994), S. 24-28.

Ohlsen & Florian 1989
Ohlsen, K.; Florian, W.: Die Sekantenmethode - Ein Verfahren zur Erweiterung der Einsatzmöglichkeiten intelligenter Sensoren bei unidirektionalem Datentransfer. In: Rogos, J. (Hrsg.): Intelligente Sensorsysteme in der Fertigungstechnik. Berlin: Springer 1989, S. 107-116. (Fachberichte Messen Steuern Regeln 21).

Orear 1982
> Orear, J.: Physik. München: Carl Hanser, 1982.

Pavone 1983
> Pavone, J. L.: Univision II, a system for arc welding robots. In: Proceedings of AWS Conference Automation and Robotics for Welding 1983, S. 91-104.

Perceptron 1993
> Perceptron GmbH (Hrsg.): Perceptron Annual Report 1993, Sensing the Future. Poing: 1993.

Pfeiffer & Reithmeier 1987
> Pfeiffer, F., Reithmeier, E.: Roboterdynamik - Eine Einführung in die Grundlagen und technische Anwendungen. Stuttgart: Teubner, 1987.

Pischetsrieder u. a. 1995
> Sensorgeführtes adaptives Laserschweißen von Kehlnähten. In: Geiger, M.: Schlüsseltechnologie Laser: Herausforderung an die Fabrik 2000. Bamberg: Meisenbach 1995, S. 332-333.

Pischetsrieder & Trunzer 1995
> Pischetsrieder, A.; Trunzer, W.: Schnelle Nahtfolgesensoren - Automatisch erkannte Schweißnahtform. Schweizer Maschinenmarkt 96 (1995) 37, S. 38-41.

Prange u. a. 1994
> Prange, W. u. a.: Tailored Blanks - Contributions to an Optimized Steel Body Shell. In: Geiger, M.; Vollertsen, F. (Hrsg.): Laser Assisted Net Shape Engineering. Bamberg: Meisenbach 1994, S. 145-165.

Precitec 1994
> Precitec GmbH (Hrsg.): Lasermatic II, Schneidköpfe für die Lasermaterialbearbeitung. Gaggenau - Bad Rotenfels: 1994.

Pritschow & Horn 1991
> Pritschow, G.; Horn, A.: Schnelle adaptive Signalverarbeitung für Lichtschnittsensoren. Robotersysteme (1991) 7, S. 193-200.

Pritschow & Philipp 1990
> Pritschow, G.; Philipp, W.: Elektrische Direktantriebe für Robotergrundachsen. Robotersysteme (1990) 6, S. 89-98.

Pritschow u. a. 1992a
> Pritschow, G. u. a.: Dynamisches Verhalten und Grenzen sensorgeführter Industrieroboter mit vorausblickendem Sensor, Robotersystem (1992) 8, S. 155 - 161.

Pritschow u. a. 1992b
> Pritschow, G.: Erhöhung der Bahngenauigkeit von Industrierobotern. Robotersysteme (1992) 8, S. 162-170.

Pritschow u. a. 1994

Pritschow, G. u. a.: High-Dynamic Beam Guiding System for CO_2 Laser Processing. In: Geiger, M.; Vollertsen, F. (Hrsg.): Laser Assisted Net Shape Engineering. Bamberg: Meisenbach 1994, S. 725-740.

Produktion (1994) 14

Kögl, G. (Red.): Meßaufwand minimiert. Produktion (1994) 14, 1994, S. 27.

Reinhart 1994

Reinhart, G.: Planning and Integration of Laser Systems into Flexible Production Structures. In: Geiger, M.; Vollertsen, F. (Hrsg.): Laser Assisted Net Shape Engineering. Bamberg: Meisenbach 1994, S. 687-704.

Reinhart u. a. 1995

Lasertechnologie als Baustein wettbewerbsfähiger Produktionsstrukturen. In: Geiger, M.: Schlüsseltechnologie Laser: Herausforderung an die Fabrik 2000. Bamberg: Meisenbach 1995, S. 285-296.

Reis 1991

Reis GmbH & Co Maschinenfabrik (Hrsg.): reis ROBOTstarIV Betriebsanleitung. Obernburg 1991.

Rentschler 1991

Rentschler, U.: Programmieren Frei Hand. Roboter (1991), S. 22-24.

Rippl 1994

Rippl, P.: Workpiece Handling with Industrial Robots in Combination with Stationary Tools. 25th ISIR 1994, S. 49-57.

Roboter 1992

Selzle, H. (Hrsg.): Annäherung auf Raten - Visionsysteme demonstrieren Einsatzreife. Roboter (1992), S. 10-12.

RTR Rheinmetall TZN Robot Vision

RTR Rheinmetall TZN Robot Vision: Sensorsysteme - Optische Führungssysteme für die Industrie. Unterlüß.

Ruoff 1989

Ruoff, W.: Optische Sensorsysteme zur On-line-Führung von Industrierobotern. Berlin: Springer, 1989. (ISW Universität Stuttgart - Forschung und Praxis 81).

Schäffer 1991

Schäffer, G.: Integration von Robotersteuerungen in CIM-Systeme. Berlin: Springer, 1991. (Fachberichte Messen Steuern Regeln 24).

Schmid & Sichler 1993

Schmid, D.; Sichler, K.: Sensor - Laserstrahlwerkzeug mit hochdynamischer Strahlfokussierung. Steinbeis-Stiftung für Wirtschaftsförderung. Aalen 1993.

Schmid u. a. 1988

Schmid, D. u. a.: Taktile Senoren für adaptive multisensorielle Greifsysteme. Robotersysteme (1988) 4, S. 157-160.

Schmid u. a. 1989
Schmid, D. u. a.: Autonomes Konturfolgen beim Bearbeiten mit Industrieroboter. In: Rogos, J. (Hrsg.): Intelligente Sensorsysteme in der Fertigungstechnik. Berlin: Springer 1989, S. 136-143. (Fachberichte Messen Steuern Regeln 21).

Schneider 1989
Schneider, N.: Kantenhervorhebung und Kantenverfolgung in der Industriellen Bildverarbeitung. Berlin: Vieweg, 1989.

Siemens 1988
Siemens Ag (Hrsg.): SIROTEC Funktionsmodul 04.710 - Sensorfunktionen. Erlangen: 1988.

Schröder 1984
Schröder, G.: Technische Optik. Würzburg: Vogel, 1984.

Schröer 1993
Schröer, K.: Identifikation von Kalibrationsparametern kinematischer Ketten. München: Hanser, 1993. (Produktionstechnik - Berlin, Forschungsberichte für die Praxis 126).

Schuller 1994, S. 20-22
Schuller, R.: Silikondichtraupen: Ein Fall für Roboter. Roboter (1994), S. 20-22.

Schunter 1992
Schunter, J.: Laserschweißen im Karosserierohbau der neuen S-Klasse. In: Highlander Congress + PR (Hrsg.): European Laser Marketplace '92, Hannover 1992, S. 130-143.

Schwarz 1993
Schwarz, H.: Simulationsgestützte CAD/CAM-Kopplung für die 3D-Laserbearbeitung mit integrierter Sensorik. Berlin: Springer, 1993. (iwb Forschungsberichte 68).

Schweigert 1992
Schweigert, U.: Toleranzausgleichsysteme für Industrieroboter am Beispiel des feinwerktechnischen Bolzen-Loch-Problems. Berlin: Springer, 1992. (ipa - iao Forschung und Praxis).

Schweizer 1995
Schweizer, M.: Konjunktur für Roboter. Roboter (1995) 2, S. 10-14.

Schwinn & Speicher 1991
Schwinn, W.; Speicher, M.: Verfahren zur Untersuchung der Bewegungsmöglichkeiten von Industrierobotern. Robotersysteme (1991) 7, S. 9-16.

Stettmer 1994
Stettmer, J.: Sensorgestützte Kollisionsvermeidung bei Industrierobotern. Aachen: Shaker, 1994. (WZL TH Aachen Berichte aus der Produktionstechnik 23).

Tönshoff u. a. 1994
Tönshoff, H. K. u. a.: Laser-Based Measurements of Surfaces. In: Geiger, M.; Vollertsen, F. (Hrsg.): Laser Assisted Net Shape Engineering, Erlangen. Bamberg: Meisenbach 1994, S. 587-595.

Trunzer 1993
Trunzer, W.: Flexibilität in der 3D-Laserbearbeitung durch Sensoren. In: Milberg, J: Sensoranwendung und Qualitätssicherung in der Laserbearbeitung, München, 1993.

Trunzer u. a. 1991
Trunzer, W. u. a.: CAD/CAM-Schiene konsequent realisiert. Industrieanzeiger (1991) 93, S. 64-66.

Trunzer u. a. 1993a
Trunzer, W. u. a.: Einsatz eines voll 3D-fähigen schnellen Sensorsystems zur Nahtverfolgung beim Laserstrahlschweißen. In: Waidelich, W.: Laser in der Technik, München. Berlin: Springer 1993, S. 405-410.

Trunzer u. a. 1993b
Trunzer, W. u. a.: Sensor Applications in 3D Laser Welding. In: 26th International Symposium on Automotive Technology and Automation - Dedicated Conference on Laser Applications in the Automotive Industries. Aachen. Croydon: Automotive Automation Limited 1993, S.195-202.

Utner 1990
Utner, W.: Sensorsysteme für das Schutzgasschweißen. In: Warnecke, H.-J.; Schraft, R. D. (Hrsg.): Industrieroboter. Berlin: Springer 1990, S 111-117.

v. Albrichsfeld & Horsch 1992
v. Albrichsfeld, C.; Horsch, T.: Echtzeitfähige kollisionsvermeidende Bahnplanung durch Kombination globaler und lokaler Methoden. Robotersysteme (1992) 8, S. 227-238.

VDI 2861 Richtlinie
VDI 2861: Kenngrößen für Industrieroboter. Berlin: Beuth 1988.

v. Treuenfels 1984
von Treuenfels, A.: Induktiver Sensor zur berührungslosen Lagevermessung und Werkstückführung. Technisches Messen 51 (1984) 11, S. 398-404.

Weidmüller 1991
Weidmüller (Hrsg.): Produktinformation Sensorik - Induktive Sensorsysteme. Baden-Baden: 1991.

Weiß 1989
Weiß, F.: Prozeßnahe Roboterprogrammierung unter Einsatz eines inertialen Meßsystems. Aachen: 1989, S. 101-122.

Welsing 1989
    Welsing, O.: Mit dem Laser Rohre fertigen. Energie 41 (1989) 9.

Woenckhaus 1994
    Woenckhaus, Ch.: Rechnergestütztes System zur automatischen 3D-Layoutoptimierung. Berlin: Springer, 1994. (iwb Forschungsberichte 65).

Zeller & Schönherr 1993
    Zeller, J.; Schönherr, U.: Sensorintegration in moderne Robotersteuerungen. In: Intelligente Steuerung und Regelung von Robotern, Langen. Düsseldorf: VDI-Verlag 1993, S. 691-700. (VDI-Berichte 1094)

iwb Forschungsberichte

Berichte aus dem Institut für Werkzeugmaschinen und Betriebswissenschaften der Technischen Universität München

Herausgeber: Prof. Dr.-Ing. J. Milberg und Prof. Dr.-Ing. G. Reinhart

1 Streifinger, E.
Beitrag zur Sicherung der Zuverlässigkeit und Verfügbarkeit
moderner Fertigungsmittel
1986. 72 Abb. 167 Seiten, ISBN 3-540-16391-3 — 68,- DM

2 Fuchsberger, A.
Untersuchung der spanenden Bearbeitung von Knochen
1986. 90 Abb. 175 Seiten, ISBN 3-540-16392-1 — 68,- DM

3 Maier, C.
Montageautomatisierung am Beispiel des Schraubens mit
Industrierobotern
1986. 77 Abb. 144 Seiten, ISBN 3-540-16393-X — 68,- DM

4 Summer, H.
Modell zur Berechnung verzweigter Antriebsstrukturen
1986. 74 Abb. 197 Seiten, ISBN 3-540-16394-8 — 68,- DM

5 Simon, W.
Elektrische Vorschubantriebe an NC-Systemen
1986. 141 Abb. 198 Seiten, ISBN 3-540-16693-9 — 68,- DM

6 Büchs, S.
Analytische Untersuchungen zur Technologie der Kugelbearbeitung
1986. 74 Abb. 173 Seiten, ISBN 3-540-16694-7 — 68,- DM

7 Hunzinger, I.
Schneiderodierte Oberflächen
1986. 79 Abb. 162 Seiten, ISBN 3-540-16695-5 — 68,- DM

8 Pilland, U.
Echtzeit-Kollisionsschutz an NC-Drehmaschinen
1986. 54 Abb. 127 Seiten, ISBN 3-540-17274-2 — 68,- DM

9 Barthelmeß, P.
Montagegerechtes Konstruieren durch die Integration
von Produkt- und Montageprozeßgestaltung
1987. 70 Abb. 144 Seiten, ISBN 3-540-18120-2 — 68,- DM

10 Reithofer, N.
Nutzungssicherung von flexibel automatisierten Produktionsanlagen
1987. 84 Abb. 176 Seiten, ISBN 3-540-18440-6 — 68,- DM

11 Diess, H.
Rechnerunterstützte Entwicklung flexibel automatisierter
Montageprozesse
1988. 56 Abb. 144 Seiten, ISBN 3-540-18799-5 — 73,- DM

12 **Reinhart, G.**
Flexible Automatisierung der Konstruktion
und Fertigung elektrischer Leitungssätze
1988, 112 Abb. 197 Seiten, ISBN 3-540-19003-1   73,- DM

13 **Bürstner, H.**
Investitionsentscheidung in der rechnerintegrierten Produktion
1988, 77Abb. 190 Seiten, ISBN 3-540-19099-6   73,- DM

14 **Groha, A.**
Universelles Zellenrechnerkonzept für flexible Fertigungssysteme
1988, 74 Abb. 153 Seiten, ISBN 3-540-19182-8   73,- DM

15 **Riese, K.**
Klipsmontage mit Industrierobotern
1988, 92 Abb. 150 Seiten, ISBN 3-540-19183-6   73,- DM

16 **Lutz, P.**
Leitsysteme für rechnerintegrierte Auftragsabwicklung
1988, 44 Abb. 144 Seiten, ISBN 3-540-19260-3   73,- DM

17 **Klippel, C.**
Mobiler Roboter im Materialfluß eines flexiblen Fertigungssystems
1988, 86 Abb. 164 Seiten, ISBN 3-540-50468-0   73,- DM

18 **Rascher, R.**
Experimentelle Untersuchungen zur Technologie der Kugelherstellung
1989, 110 Abb. 200 Seiten, ISBN 3-540-51301-9   73,- DM

19 **Heusler, H.-J.**
Rechnerunterstützte Planung flexibler Montagesysteme
1989, 43 Abb. 154 Seiten, ISBN 3-540-51723-5   73,- DM

20 **Kirchknopf, P.**
Ermittlung modaler Parameter aus Übertragungsfrequenzgängen
1989, 57 Abb. 157 Seiten, ISBN 3-540-51724   73,- DM

21 **Sauerer, Ch.**
Beitrag für ein Zerspanprozeßmodell Metallbandsägen
1990, 89 Abb. 166 Seiten, ISBN 3-540-51868-1   78,- DM

22 **Karstedt, K.**
Positionsbestimmung von Objekten in der Montage-
und Fertigungsautomatisierung
1990, 92 Abb. 157 Seiten, ISBN 3-540-51879-7   78,- DM

23 **Peiker, St.**
Entwicklung eines integrierten NC-Planungssystems
1990, 66 Abb. 180 Seiten, ISBN 3-540-51880-0   78,- DM

24 **Schugmann, R.**
Nachgiebige Werkzeugaufhängungen für die automatische Montage
1990. 71 Abb. 155 Seiren, ISBN 3-540-52138-0   78,- DM

25 Wrba, P
Simulation als Werkzeug in der Handhabungstechnik
1990, 125 Abb., 178 Seiten, ISBN 3-540-52231-X   78,- DM

26 Eibelshäuser, P.
Rechnerunterstützte experimentelle Modalanalyse
mitells gestufter Sinusanregung
1990, 79 Abb., 156 Seiten, ISBN 3-540-52451-7   78,- DM

27 Prasch, J.
Computerunterstützte Planung von chirurgischen Eingriffen
in der Orthopädie
1990, 113 Abb., 164 Seiten, ISBN 3-540-52543-2   78,- DM

28 Teich, K.
Prozeßkommunikation und Rechnerverbund in der Produktion
1990, 52 Abb., 158 Seiten, ISBN 3-540-52764-8   78,- DM

29 Pfrang, W.
Rechnergestützte und graphische Planung manueller
und teilautomatisierter Arbeitsplätze
1990, 59 Abb., 153 Seiten, ISBN 3-540-52829-6   78,- DM

30 Tauber, A.
Modellbildung kinematischer Stukturen
als Komponente der Montageplanung
1990, 93 Abb., 190 Seiten, ISBN 3-540-52911-X   78,- DM

31 Jäger, A.
Systematische Planung komplexer Produktionssysteme
1991, 75 Abb., 148 Seiten, ISBN 3-540-53021-5   78,- DM

32 Hartberger, H.
Wissensbasierte Simulation komplexer Produktionssysteme
1991, 58 Abb., 154 Seiten, ISBN 3-540-53326-5   78,- DM

33 Tuczek H.
Inspektion von Karosseriepreßteilen auf Risse und Einschnürungen
mittels Methoden der Bildverarbeitung
1992, 125 Abb., 179 Seiten, ISBN 3-540-53965-4   88,- DM

34 Fischbacher, J.
Planungsstrategien zur strömungstechnischen Optimierung
von Reinraum–Fertigungsgeräten
1991, 60 Abb., 166 Seiten, ISBN 3-540-54027-X   78,- DM

35 Moser, O.
3D-Echtzeitkollisionsschutz für Drehmaschinen
1991, 66 Abb., 177 Seiten, ISBN 3-540-54076-8   78,- DM

36 Naber, H.
Aufbau und Einsatz eines mobilen Roboters mit
unabhängiger Lokomotions- und Manipulationskomponente
1991, 85 Abb., 139 Seiten, ISBN 3-540-54216-7   78,- DM

37 Kupec, Th.
Wissensbasiertes Leitsystem zur Steuerung flexibler Fertigungsanlagen
1991, 68 Abb., 150 Seiten, ISBN 3-540-54260-4   78,- DM

38 Maulhardt, U.
Dynamisches Verhalten von Kreissägen
1991, 109 Abb., 159 Seiten, ISBN 3-540-54365-1 — 78,– DM

39 Götz, R.
Stukturierte Planung flexibel automatisierter Montagesysteme
für flächige Bauteile
1991, 86 Abb., 201 Seiten, ISBN 3-540-54401-1 — 78,– DM

40 Koepfer, Th.
3D- grafisch-interaktive Arbeitsplanung – ein Ansatz
zur Aufhebung der Arbeitsteilung
1991, 74 Abb., 126 Seiten, ISBN 3-540-54436-4 — 78,– DM

41 Schmidt, M.
Konzeption und Einsatzplanung flexibel automatisierter
Montagesysteme
1992, 108 Abb., 168 Seiten, ISBN 3-540-55025-9 — 88,– DM

42 Burger, C.
Produktionsregelung mit entscheidungsunterstützenden
Informationssystemen
1992, 94 Abb., 186 Seiten, ISBN 5-540- 55187-5 — 88,– DM

43 Hoßmann, J.
Methodik zur Planung der automatischen Montage von nicht
formstabilen Bauteilen
1992, 73 Abb., 168 Seiten, ISBN 3-540-5520-0 — 88,– DM

44 Petry, M.
Systematik zur Entwicklung eines modularen Programm-
baukastens für robotergeführte Klebeprozesse
1992, 106 Abb., 139 Seiten ISBN 3-540-55374-6 — 88,– DM

45 Schönecker, W.
Integrierte Diagnose in Produktionszellen
1992, 87 Abb., 159 Seiten, ISBN 3-540-55375-4 — 88,– DM

46 Bick, W.
Systematische Planung hybrider Montagesyste unter
Berücksichtigung der Ermittlung des optimalen Automatisierungsgrades
1992, 70 Abb., 156 Seiten ISBN 3-540-55377-0 — 88,– DM

47 Gebauer, L.
Prozeßuntersuchungen zur automatisierten Montage
von optischen Linsen
1992, 84 Abb., 150 Seiten, ISBN 3-540- 55378-9 — 88,– DM

48 Schrüfer, N.
Erstellung eines 3D–Simulationssystems zur Reduzierung
von Rüstzeiten bei der NC–Bearbeitung
1992, 103 Abb., 161 Seiten, ISBN 3-540-55431-9 — 88,– DM

49 Wisbacher, J.
Methoden zur rationellen Automatisierung der Montage
von Schnellbefestigungselementen
1992, 77 Abb., 176 Seiten, ISBN 3-540-55512-9 — 88,– DM

50 Garnich, F.
Laserbearbeitung mit Robotern
1992, 110 Abb., 184 Seiten, ISBN 3-540- 55513-7 — 88,– DM

51 Eubert, P.
Digitale Zustandsregelung elektrischer Vorschubantriebe
1992, 89 Abb., 159 Seiten, ISBN 3-540-44441-2   88,- DM

52 Glaas, W.
Rechnerintegrierte Kabelsatzfertigung
1992, 67 Abb., 140 Seiten, ISBN 3-540-55749-0   88,- DM

53 Helml, H.J.
Ein Verfahren zur on-line Fehlererkennung und Diagnose
1992, 60 Abb., 153 Seiten, ISBN 3-540-55750-4   88,- DM

54 Lang, Ch.
Wissensbasierte Unterstützung der Verfügbarkeitsplanung
1992, 75 Abb., 150 Seiten, ISBN 3-540-55751-2   88,- DM

55 Schuster, G.
Rechnergestütztes Planungssystem für die flexibel
automatisierte Montage
1992, 67 Abb., 135 Seiten, ISBN 3-540-55830-6   88,- DM

56 Bomm, H.
Ein Ziel- und Kennzahlensystem zum Investitionscontrolling
komplexer Produktionssysteme
1992, 87 Abb., 195 Seiten, ISBN 3-540-55964-7   88,- DM

57 Wendt, A.
Qualitätssicherung in flexibel automatisierten Montagesystemen
1992, 74 Abb., 179 Seiten, ISBN 3-540-56044-0   88,- DM

58 Hansmaier, H.
Rechnergestütztes Verfahren zur Geräuschminderung
1993, 67 Abb., 156 Seiten, ISBN 3-540-56043-2   88,- DM

59 Dilling, U.
Planung von Fertigungssystemen unterstützt
durch Wirtschaftlichkeitssimulation
1993, 72 Abb., 146 Seiten, ISBN 3-540-56307-5   88,- DM

60 Strohmayr, R.
Rechnergestützte Auswahl und Konfiguration
von Zubringeeinrichtungen
1993, 80 Abb., 152 Seiten, ISBN 3-540-56652-X   88,- DM

61 Glas, J.
Standardisierter Aufbau anwendungsspezifischer
Zellenrechnersoftware
1993, 80 Abb., 145 Seiten, ISBN 3-540-56890-5   88,- DM

62 Stetter, R.
Rechnergestützte Simulationswerkzeuge zur
Effizienzsteigerung des Industrierobotereinsatzes
1994, 91 Abb., 146 Seiten, ISBN 3-540-568891   88,- DM

63 Dirndorfer, A.
Robotersysteme zur förderbandsynchronen Montage
1993, 76 Abb, 144 Seiten, ISBN 3-540-57031-4   88,- DM

64 Wiedemann, M.
Simulation des Schwingungsverhaltens spanender Werkzeugmaschinen
1993, 81 Abb., 137 Seiten, ISBN 3-540-57177-9   88,- DM

65 Woenckhaus, Ch.
Rechnergestütztes System zur automatisierten 3D-Layoutoptimierung
1994, 81 Abb., 140 Seiten, ISBN 3540-57284-8   88,- DM

66 Kummetsteiner, G.
3D-Bewegungssimulation als integratives Hilfsmittel zur Planung
manueller Montagesysteme
1994, 62 Abb.; 146 Seiten, ISBN 3-540-57535-9   88,- DM

67 Kugelmann, F.
Einsatz nachgiebiger Elemente zur wirtschaftlichen Automatisierung
von Produktionssystemen
1993, 76 Abb., 144 Seiten, ISBN 3-540-57549-9   88,- DM

68 Schwarz, H.
Simulationsgestützte CAD/CAM-Kopplung für die 3D-Laserbearbeitung
mit integrierter Sensorik
1994, 96 Abb., 148 Seiten, ISBN 3-540-57577-4   88,- DM

69 Viethen, U.
Systematik zum Prüfen in Flexiblen Fertigungssytemen
1994, 70 Abb., 142 Seiten, ISBN 3-540-57794-7   88,- DM

70 Seehuber, M.
Automatische Inbetriebnahme geschwindigkeitsadaptiver Zustandsregler
1994, 72 Abb., 155 Seiten, ISBN 3-540-57896-X   88,- DM

71 Amann, W.
Eine Simulationsumgebung für Planung und Betrieb
· von Produktionssystemen
1994, 71 Abb., 129 Seiten, ISBN 3-540-57924-9   88,- DM

73 Welling, A.
Effizienter Einsatz bildgebender Sensoren zur Flexibilisierung
automatisierter Handhabungsvorgänge
1994, 66 Abb., 139 Seiten, ISBN 3-540-580-0   88,- DM

74 Zetlmayer, H,
Verfahren zur simulationsgestützen Produktionsregelung
in der Einzel- und Kleinserienproduktion
1994, 62 Abb., 143 Seiten, ISBN 3-540-58134-0   88,- DM

75 Lindl, M.
Auftragsleittechnik für Konstruktion und Arbeitsplanung
1994, 66 Abb,. 147 Seiten, ISBN 3-540-58221-5   88,- DM

76 Zipper, B.
Das integrierte Betriebsmittelwesen – Baustein einer flexiblen Fertigung
1994, 64 Abb., 147 Seiten, ISBN 3-540-58222-3   88,- DM

77 Raith, P.
Programmierung und Simulation von Zellenabläufen
in der Arbeitsvorbereitung
1995, 51 Abb., 130 Seiten, ISBN 3-540-58223-1   88,- DM

78 Engel, A.
Strömungstechnische Optimierung von Produktionssystemen
durch Simulation
1994, 69 Abb., 160 Seiten, ISBN 3-540-58258-4   88,- DM

79 **Zäh, M. F.**
Dynamisches Prozeßmodell Kreissägen
1995, 95 Abb., 186 Seiten, ISBN 3-540-58624-5   88,– DM

80 **Zwanzer, N.**
Technologisches Prozeßmodell für die Kugelschleifbearbeitung
1995, 65 Abb., 150 Seiten, ISBN 3-540-58634-2   88,– DM

81 **Romanow, P.**
Konstruktionsbegleitende Kalkulation von Werkzeugmaschinen
1995, 66 Abb., 151 Seiten, ISBN 3-540-58771-3   88,– DM

82 **Kahlenberg, R.**
Integrierte Qualitätssicherung in flexiblen Fertigungszellen
1995, 71 Abb., 136 Seiten, ISBN 3-540-58772-1   88,– DM

83 **Huber, A.**
Arbeitsfolgenplannung mehrstufiger Prozesse in der Hartbearbeitung
1995, 87 Abb., 152 Seiten, ISBN 3-540-58773-X   88,– DM

84 **Birkel, G.**
Aufwandsminimierter Wissenserwerb für die Diagnose
in flexiblen Produktionszellen
1995, 64 Abb., 137 Seiten, ISBN 3-540-58869-8   88,– DM

85 **Simon, D.**
Fertigungsregelung durch zielgrößenorientierte Planung und
logistisches Störungsmanagment
1995, 77 Abb., 132 Seiten, ISBN 3-540-58942-2   88,– DM

86 **Nedeljkovic-Groha, V.**
Systematische Planung anwendungsspezifischer Materialflußsteuerungen
1995, 94 Abb., 188 Seiten, ISBN 3-540-58953-8   88,- DM

87 **Rockland, M.**
Flexibilisierung der automatischen Teilebereitstellung in Montageanlagen
1995, 83 Abb., 151 Seiten, ISBN 3-540-58999-6   88,– DM

88 **Linner, St.**
Konzept einer integrierten Produktentwicklung
1995, 67 Abb., 168 Seiten, ISBN 3-540-59016-1   88,– DM

89 **Eder, Th.**
Integrierte Planung von Informationssystemen für rechnergestutzte
Produktionssysteme
1995, 62 Abb., 150 Seiten, ISBN 3-540-59084-6   88,- DM

90 **Deutschle, U.**
Prozeßorientierte Organisation der Auftragsentwicklung in mittelständischen
Unternehmen
1995, 80 Abb., 188 Seiten, ISBN 3-540-59337-3   88,– DM

91 **Dieterle, A.**
Recyclingintegrierte Produktentwicklung
1995, 68 Abb., 146 Seiten, ISBN 3-540-60120-1   88,– DM

92 **Hechl, Ch.**
Personalorientierte Montageplanung für komplexe
und variantenreich Produkte
1995, 73 Abb., 158 Seiten, ISBN 3-540-60325-5   88,– DM

93 Albertz, F.
Dynamikgerechter Entwurf von Werkzeugmaschinen -
Gestellstukturen
1995, 83 Abb., 156 Seiten, ISBN 3-540-60606-8   88,- DM

94 Trunzer, W.
Strategien zur On-Line Bahnplanung bei Robotern
mit 3D-Konturfolgesensoren
1996, 101 Abb., 164 Seiten, ISBN 3-540-60961-X   88,- DM

95 Fichtmüller, N.
Rationalisierung durch flexible, hybride Montagesysteme
1996, 83 Abb., 145 Seiten, ISBN 3-540-60960-1   88,- DM

96 Trucks, V.
Rechnergestütze Beurteilung von Getriebestrukturen
in Werkzeugmaschinen
1996, 64 Abb., 141 Seiten, ISBN 3-540-60599-8   88,- DM

97 Schäffer, G.
Systematische Integration adaptiver Produktionssysteme
1996, 71 Abb., 170 Seiten, ISBN 3-540-60958-X   88,- DM

98 Koch, M. R.
Autonome Fertigungszellen - Gestaltung, Steuerung und
integrierte Störungsbehandlung
1996, 67 Abb., 138 Seiten, ISBN 3-540-61104-5   88,- DM

99 Moctezuma de la Barrera, J. L.
Ein durchgängiges System zur computer- und
robotreunterstützten Chirurgie
1996, 99 Abb., 175 Seiten, ISBN 3-540-61145-2   88,- DM
